超軽工業へ

インタラクションデザインを超えて

渡邊恵太

Toward Ultralight Industry

Beyond Interaction Design

Keita Watanabe

はじめに

二一世紀の始まりは「IT革命」と呼ばれた。それから四半世紀が経つ。インターネットと親和性があった携帯電話がスマートフォン（スマホ）というかたちで世界に普及した。私たちは、いつでもどこでもそれを通じてさまざまなソフトウェアやサービスを利用する。パーソナルコンピュータは、コンピュータの力をもって個人の能力を拡張・強化するという思想の下につくられたが、その思想は一般の人々に受け入れられたスマホというかたちで実現したといえるだろう。そして、スマホはいつのまにか日用品となり必需品となった。

信号待ちの交差点、電車の中、授業中、ファストフード店、暮らしのあらゆる風景の中にスマホを利用する人々がいる。歩きスマホが社会問題になるほどに、人はスマホを手に持ち続ける。たとえ使っていなくても、手から離さない。

ものごとの発見や人との出会いがスマホから始まることもだいぶ増えた。今、私たちにとってスマホは、「便利なもの」を超えて「大切な存在」となったのである。

その大切なスマホがつくり出す体験・経験は、デジタル技術がつくる。かつてデジタルといえば、先端技術という感覚はあっても、その表示はドット絵で固くて冷たく、非人間的な印象だった。「手から離したくない大切なもの」とは程遠いものだったように思う。しかしデジタルで構成されたこれらの機器が今や日常の風景と暮らしやビジネスを支え、ときに人を熱狂させ感動を与える。

二〇世紀はモノで豊かさの多くを実現した。同時に、「モノでは満たされない豊かさ」にも気づいた。モノは豊かさの中心ではなく、豊かさの「媒体」だった。ちょうどそこに都合よく現れたのがデジタル的方法、すなわちソフトウェアやインターネットだった。これは、もしかすると、モノでは実現できなかった豊かさをつくり出せる方法なのかもしれない。四半世紀の間にデジタル技術は社会で一般的に利用されるものとなり、整備され、インフラとなりつつある。今では、社会の次のビジョンとしてDX（Digital Transformation）が掲げられている。つまり、デジタルをあらゆることの「前提」にしようとしている。

スマホの電波が弱い、インターネットにつながらない、スピードが遅いと、不自由さやストレスを感じる。電波感度がよいことや安定したスピードでインターネットを利用できることは、いつのまにか水や空気がおいしいというような人間の感覚的な豊かさの一つになっている。

同様に、品質が高い優れたUI（User Interface）が増える中で、時折どう操作してよいのかわからない質の低いUIに出くわすと、舗装されていないどころか、まるでぬかるみの道を歩くようなストレスを感じる。しかもどちらにどう行けばいいかすらわからず、風景にも情緒がない。サンゴからできた白いサラサラとした手触りの砂浜ビーチ、その風景に魅力を感じるように、UIやインタラクションもまた風景や土地の質感のような、人間にとっての感覚的な豊かさの一つとなった。

今私たちは、デジタル的方法も物質的方法も、どちらの方法もうまく使える状態にある。この二つの特徴をうまく整理しバランスのよい状態で、次の社会をどうつくるのか。俯瞰的で統合的な視点、そして設計の考え方が求められている。

さて、まずそれに対してちょうどいい考え方として、人の体験を軸にした発想、設計視点がある。フィジカルであれデジタルであれ、私たちが外界と接することで立ち上がるのは体験である。特にウェブやアプリなどのソフトウェアの開発においては体験が軸になる。ソフトウェアの世界では原則的に物性物理の制約はない。動作するハードでの制約はあるかもしれないが、昨今はCPUの処理も速く、ディスプレイの性能も飛躍的に向上しピクセルの知覚もできないほど高精細で描画ができる。ネットワークの回線も速い。よって、ウェブやアプリの質は、UI部分がもたらす体験が軸となる。その結果、UX（ユーザー体験）という言葉をキーに、体験を中心とする発想方法・設計方法が広がった。

体験の視点に立つことで、デジタルかフィジカルかの議論ではなく、人とソフト、もしくはモノと接する相互作用＝インタラクションから発想し設計できる。これを「インタラクションデザイン」と呼ぶ。インタラクションデザインは当初ソフトウェアの設計論として登場したが、フィジカルなプロダクトにおいても有用であることが広く認知されるようになった。

物質が前提であれば、使用する素材や製造プロセスの制約が強くなる。理想的な体験を考える以前に、大量生産が可能であるかが課題の中心になる。本当にたくさん売れるものをつくらないことにはそもそも大量生産が成り立たないことから、製造業はマーケティングを強化し、その流れでユーザーファーストでUXを設計する重要性が認識された。やがて、インタラクションデザインは「デザイン思考」としてパッケージングされた。

物質であれソフトウェアであれ、利用者の体験や利用の文脈を中心に置いて機能を設計し、かたちに落とし込んでいく。今でこそ、この設計手法は当たり前のように感じられるが、これは比較的新しいものである。このインタラクションデザインやデザイン思考という考え方においては、問題解決や目的達成はそのプロセスが重要であり、物質であるかソフトウェアであるかは「手段でしかない」と、より強調された。

それが、「モノよりコト」という考え方であったり、所有からの脱却、シェアリングエコノミー、あるいはサービスデザインの潮流、提供者・利用者ともにメリットがあるSaaSというサービスのあり方につながっている。

今、私たちは価値を提供する器としてデジタルかフィジカルかを選ぶことができ、それを超えて体験視点で設計する流れはいっそう強くなろうとしている。総じて、これと同じ立場をとるのがDXであり、仕事や社会、生活の前提をデジタルにしていこうとする流れである。本書ではそれと同時に、最小化や見直しの意味でのフィジカルの再構成「PX（Physical Transformation、フィジカルトランスフォーメーション）」の視点を提案する。DXの流れは単純なデジタル化ではなく、コロナ禍で求められたような生活様式の変容を意味する。そうしたラディカルな変容が起きているのである。したがって、この流れがフィジカルの役割を変えることをも、うまく捉える必要があるのだ。

いわば私たちの体験世界を構成する、その前提の入れ替えが起きている。この状況を考えると、「体験」から設計する戦略は豊かさを見失わないための軸としてちょうどいい。

二〇二〇年のパンデミックで挑戦した新しい生活様式は、デジタルとフィジカルの前提を入れ替える試行と訓練だった。慣れないながらも意外とできるものだと窮地を乗り越え、人類はインターネットやデジタルの価値を再認識した。また同時に現状のソフトウェア、サービスやデジタル技術ではうまく解決できない課題も認識し、より高次なＤＸを目指す流れが生まれた。

一方、私たちはおよそ四半世紀もインターネットやデジタルを利用してきたにもかかわらず、その価値をあまり言語化してこなかったように思う。未来ばかり見ていてデジタルがもたらす豊かさについてはあまり振り返ってこなかったのかもしれない。スマホやパソコンは何の道具なのか。デジタル技術、インターネット、ソフトウェアをベースにした情報技術は人の生活をどう豊かにしたのか。スマホでアプリを使って暮らすことはどう豊かなのか。デジタル技術を前提につくる豊かさは、物質を前提とする豊かさとどう違うのか——デジタルがもたらす豊かさはあまり明確ではない。問題はその豊かさの本質だ。

デジタルであるということは、フィジカルであるということとどう違うのか。デジタルは何を豊かにするのだろうか。何に都合がよいのだろうか。あるいはそもそも「フィジカルである」とはどういうことだったのだろうか。

序章

デジタルであるということは
どういうことか

「デジタル技術」という言葉を聞くと、それは技術であって、論理的で固く、複雑で難しいというイメージを持つ人も少なくない。マイコン（マイクロコンピュータ）技術の発展に伴い、家電にもマイコンが内蔵され、家電がハイテク化したときにその印象が広まったように思う。ハイテク化そのものはよいことだが、利用者にとって、ときに難しい操作を要求するものとなってしまったからだ。デジタル化、マイコン化と言われても、それは機器の中の動作原理の話であって、ブラックボックス的で利用者への恩恵はわかりにくいものであった。こうしたことがデジタル技術の印象の悪さを広めてしまった。

そして、ハイテク家電が一世を風靡する中でパソコンがやってくることになる。当然、デジタル技術のかたまりであるパソコンというものに、私たちの生活を豊かにするイメージは持てなかった。「一風変わった道具がやってきた」程度だったかと思う。それに、日本においては欧米諸国のようにタイプライターの文化がない。よってキーボードというものに馴染みがなく、それがまた複雑な印象を助長していた。

デジタルは0と1で表現され、コピーが簡単で劣化しにくく、正確で品質がよいものといった印象はあっても、やはりそれは人の体験への恩恵としてわかりやすいものではなかった。またコンピュータは計算機であり、理工系の専門家が膨大な、あるいは特殊な計算で使うものという印象もあった。

しかし、そのように「デジタルを01」「コンピュータを計算機」とするのはかなり原始的な捉え方である。今デジタルやコンピュータという言葉を使うことにそのニュアンスはない。つまり「デジタル」庁や「デジタル」トランスフォーメーションと表現するが、それは社会においては真の意味で「デジタルで01化する」「コンピュータで計算する」ことを指していない。デジタルとコンピュータを使うゆえに、そう表現するしかないために、それらの言葉を使っているだけである。少し前に流行った「マルチメディア」や「ユビキタス」という言葉のほうが、わかりにくくともまだデジタルやコンピュータの目指すビジョンとしてはよかったかもしれない。

今デジタルであるということはどういうことなのか。それが問題である。それを考えるために、まずパソコン、つまりパーソナルコンピュータ＝ＰＣの発明について考えてみたい。

パソコンの登場とデジタルの受容

現在、私たちが利用しているのはパーソナルコンピュータ、パソコン、ＰＣと呼ばれ、個人が文房具のように使うコンピュータである。スマホはその考え方を引き継いだプロダクトである。この言葉と思想を提示したのは、アメリカのコンピュータ科学者アラン・ケイである。アラン・ケイは、コンピュータについて次のように説明している。

よくある誤解のひとつに、コンピュータは論理的だというものがある。率直というほうがまだ近いだろう。コンピュータには任意の記述を収められるので、首尾一貫しているか否かということにはおかまいなしに、表現可能なものならどんなものでも、一連のルールを実行することができる。しかも、コンピュータでのシンボルの利用は、ちょうど言語や数学でのシンボルと同じように、現実世界から切り離されているので、とてつもないナンセンスを生みだすことができる。コンピュータのハードウェアは自然法則にしたがっている（回路が一定の物理的法則にしたがっていない限り、電子は移動しない）が、コンピュータに実行可能なシミュレーションを制約するのは、人間の想像力の限界だけである。コンピュータのなかでは、宇宙船は光より速く飛べるし、時間を逆行することもできる。
（ハワード・ラインゴールド『新・思考のための道具　知性を拡張するためのテクノロジーその歴史と未来』
（邦訳：日暮雅通訳、パーソナルメディア、2006年））

またアラン・ケイは、コンピュータを「メタメディア」といった。

コンピュータは、他のいかなるメディアー物理的には存在しえないメディアですら、ダイナミックにシミュレートできるメディアなのである。さまざまな道具として振る舞う事が出来るが、コンピュータそれ自体は道具ではない。コンピュータは最初のメタメディアであり、したがって、かつて見た事もない、そしていまだほとんど研究されていない、表現と描写の自由を持っている。それ以上に重要なのは、これは楽しいものであり、したがって、本質的にやるだけの価値があるものだということだ。
（ハワード・ラインゴールド『新・思考のための道具　知性を拡張するためのテクノロジーその歴史と未来』
（邦訳：日暮雅通訳、パーソナルメディア、2006年））

アラン・ケイは、コンピュータは論理的どころかナンセンスを生み出すことが可能で、想像の限り自由なものであると説明する。言語や数学のように現実から切り離されていると言う。たしかに言語というものは、想像上のものを表現したり、現実にはあり得ないことを表現可能にもする。それは私たちの生物的原理や性質とは切り離されている。つまりアラン・ケイは、コンピュータはデジタルによって論理的な動作を行うものの、その上には人間が可読および指示可能なプログラミング言語を用いて動作を決定できる別のレイヤーがあると、何にでもなり得るメタ性をコンピュータの特徴として説明している。

この説明から考えると、コンピュータを理工学的側面だけから捉えるのは、アラン・ケイが言うコンピュータに対する誤解そのものになってしまう。コンピュータの理工学的側面はコンピュータの内部挙動に向かう視点であって、コンピュータの持つ可能性とその効果についての専門性とは少しずれる。

日本において、コンピュータについて学ぼうとするとおそらく多くの学生が理工学部を志す。しかし、理工学部ではコンピュータの原理は学ぶかもしれないが、コンピュータを社会でどのように利活用するか、コンピュータが社会や生活の仕組みをどのように変えるかについて学ぶわけではない。また、企業はDXを進める上で重要なのは論理的思考能力の高い人物を集めることだなどと考えてしまうかもしれない。二〇〇〇年頃のデジタル化であればそうした面が重要だったかもしれないが、コンピュータやデジタルのインフラが前提となった現在のDXという文脈においては、コンピュータやデジタルがもたらす可能性と効果のほうが重要な視点となる。このことはしっかりと認識しておかねばならない。

つまり、DXを考える上で理工学部に入る（理工学部の学生を採用する）というのは少しずれた発想となる、ということである。時間的には逆行するかもしれないが、むしろ今が、よりいっそうアラン・ケイが説明するコンピュータの性質が理解されるべき重要な地点なのである。

アラン・ケイが語るコンピュータは、二〇世紀のまだパソコンができたばかりの頃に発想されたものである。それから五十年ほど経っている。今、このコンセプトを十分に実現できる性能を持つパソコンやスマホを、多くの人が手にして日常的に利用している。さらにそれらの機器がインターネットにつながることで、自分の想像やある誰かの想像が短時間で世界中をまわる。想像を人と交換し、体験できる。DXの名の下に、この自由と可能性を基盤に世界を再設計、最適化できるのか——私たちは今、それを問われている。

「デザイナー」の台頭

DX、コンピュータやデジタルという方法を使って何かをつくり出し、問題解決をする。このとき、また別の専門家が必要である。こうしたDXの流れで台頭してきたのがデザイナーである。彼らが行うデザインは、いわゆる美大を出身とするデザイナーが行うデザインとは少し異なる。UIやUXが対象であり、人にとっての使いやすさをはじめ、人にソフトやサービスの意味や価値を与える。利用の流れや、その人にとってそのソフトウェアやサービスがどういう存在であるのかといった関係、総じて体験に注目した広い視点で設計を行う。アラン・ケイのいうように、コンピュータはすなわち表現の面で自由度の高いメタメディアであり、いわば超汎用である。超汎用であることは、制作者にとっては大きな価値だが、利用者にとってはそれは直接的な価値にはなりにくい。だからこそ、あるサービス、あるソフトウェアとして定義するにはＵＩとＵＸが重要であり、それを設計する人材が必要になるわけである。

本書の一つの役割は、デジタルやコンピュータの性質としてのメタメディアを理解し、それを設計に役立ててもらうことである。たとえばＩｏＴなど、コンピュータとデジタル、インターネットの考え方を家電や自動車に広げる取り組みがあるが、「スマホのような自動車をつくる」といったとき、そのスマホをどう捉えているかが成功と失敗を二分するほど重要な視点となる。スマホが広がったおかげで「スマホのような」という表現はよく使われるが、いったいその「スマホのような」とはどういうことなのか、うまく合意がとれているか微妙なところである。スマホがどうよくできているのかを理解しておかなければ、スマホのような自動車をつくることはできない。

かつてインテルやマイクロソフトが文化人類学者を雇用し、最近ではソニーによる文化人類学者を対象とした雇用募集が話題になったが、デザイナーを起用するにも、ただ美大からデザイン分野の人材を起用しただけではうまくいかない。同様に、日本ではデジタル庁が誕生したが、これに関してもデジタルということをどう捉えるのかで日本の政策、未来の見え方がまったく変わってしまう。とにかくまずは、デジタルが生み出したコンピュータ、そしてメタメディアの理解を前提に置かなければ、ＤＸも意味をなさないし、成功へも到達できない。

マルチメディア、ＩＴ革命、ユビキタス、ＩｏＴ、ＤＸ、メタバースなど、時代ごとに言い方は異なるが、かつてこれまでデジタル的アプローチをやめようという縮小方向になったことはない。何よりすでに、スマホやインターネットは私たちの生活のインフラとなっている。今でさえデジタルとフィジカル（あるいはデジタルとアナログ）は対比されることがあるが、デジタルかフィジカルかという問題ではない。デジタルであれフィジカルであれ、人類は自分たちの環境と欲望の都合により、あらゆる人工化手法を試してきたのである。人工物の歴史を考えれば、デジタル、コンピュータ、インターネットは人類史上最強の人工物、問題解決の方法なのである。そして、常に新しい素材に対してデザイン／デザイナーが必要とされたのである。

なぜデジタルは最強の人工物、方法なのか

ではなぜデジタルが最強の人工物、方法といえるのか？　それを少し考えてみたい。経済史学者である角山栄氏らは産業革命を考察する上で、次のように論じている。

ところで日常生活の変化がいかに複雑多様に見えようとも、長い変化の過程に一定の方向があることがわかる。いま人間生活にもっとも欠くことのできない衣料をとって考えてみよう。木の葉を身にまとった原始人の生活を別にすれば、文明人のもっとも素朴な衣類はまず動物の皮からつくられた。しかし毛皮の供給が増加する人口の需要に応じられなくなると、人類は樹の皮、麻、羊毛、木綿のような天然繊維で織っ

た織物を開発した。これらはいずれも土地＝農業生産物を原料とするものであるが、さらに人口が増加してくると、人口の土地への圧力はいっそう増大し、繊維原料をつくった土地は食糧生産にあて、繊維を鉱物資源からつくり出す新しい発明を促すことになる。この工程の開発はいっそう複雑で困難であった。しかし科学技術の発達によって、絹は人造絹糸に、さらに羊毛はウーリー・ナイロンにと石油合成化学工業の生産物によって代替されるようになる。こんにち市場に出まわっている一般の繊維製品の多くは、純毛や純綿製品ではなくオール合成繊維か、または羊毛や綿と合成繊維との混織であることは周知のごとくである。

こうした発展は衣類のみならず、燃料、動力、家屋、日常便宜品などすべての生活用具についていえる。燃料は薪・木炭から石炭へ、さらにガス、電気、石油、ＬＰＧへと変化し、家屋も木造から煉瓦、石造り、鉄筋コンクリート、鉄骨プレハブと合成樹脂の近代的建築材料にとって代わった。こうした経済発展を工業化とよぶならば、それは土地＝農業に依存する「農業社会」から、工業および資本に依存する「産業社会」へ移ることを意味する。ややむずかしい表現をすれば、工業化とは経済的財貨やサービスの生産に無生物的資源を広汎に利用することであるといってもよい。だから経済が発展し、生活が向上するということは、農業や土地の生産物への依存から解放されて、ますます多くの資源を開発し、ますます多くこれらを利用する経済への道を歩むということである。そういう意味では、経済発展は一定の生産物をより能率的に生産する試みの結果であるというよりか、むしろ環境からの産出物を増大せんとしてきた人間行為の結果である。

（角山栄、村岡健次、川北稔『生活の世界歴史〈10〉産業革命と民衆』（河出書房新社、1992年））

この説明によれば、人々の人工物利用とは、地球上の人口拡大に伴い増大するニーズや欲望への対応である。人間は天然資源から無生物的資源の利用へのシフトを行い、ニーズや欲望に対応してきた。

今の私たちの生活を見渡せば、そのほとんどが無生物的資源の利用かその組み合わせであることがわかる。たとえば、机や棚に使われる材料は、中は合板で、表面にメラミン素材を用いた人工材料による化粧板が貼り付けられている。ソファや椅子、靴なども本当の革ではなく合成された革、合皮（フェイクレザー）が使われることが多い。衣服も多くは合成繊維である。多くの家のクロス張りは布ではなくビニール製だ。今や私たちの生活の中で無垢であるもの、自然環境からの取得物をほぼそのまま加工し利用しているものは少ない。私たちは「自然環境から取得したものの風合いが施された人工物」を消費している。それは、巧妙にできていて、知覚的にはまるで本物である。いわばテクノロジーによって生まれた樹脂類に見慣れたサーフェイス、インタフェースを施す（提供する）ことで、知覚と生活の中で受容している。

角山氏らが述べるように、環境からの産出物を増大させようとしてきた人間の行為の結果が人類の経済発展だとするならば、デジタル、コンピュータによる価値の産出方法は極めて効率がよい。画面やスピーカーなどのインタフェースを通じて人々にほぼ無限ともいえる資源を効率的に与え、創造を可能にし、原則として（その上では）廃棄物は出ない方法である。デジタルはいわば人の欲望にも都合がよく、エコフレンドリーな最強人工資源である。

こう考えると、デジタルという方法、もしくは素材が一体何をもたらすのかが見えてくる。なぜデジタル化へ進むことが望ましいのか。しかも、私たちはその上で暮らしを構成したり、リアルに感じられるような体験を追求したり、極端には「現実を置き換える」くらいのことに挑戦したりしている。そのモチベーションや魅力はどこに由来するものなのか、が見えてくる。

つまりデジタル化とは、無尽蔵に広がる人の想像と欲望に対して、それを満足させる資源供給方法の最適化である。そしてこれには必然性がある。私たちの想像と欲望にリミットはないが、地球のリソースにはリミットがあるためである。欲望を効率的、効果的に処理する方法が必要なのだ。

言い換えると、デジタル化の流れは持続可能な人類の欲望処理への希望と挑戦である。なぜコンピュータなのか。なぜスマホなのか。なぜＶＲなのか。なぜＡＲなのか。なぜメタメディアという考え方が重要なのか。こうしたものを使うことが生活や社会、文化、さらには世界のインフラとなる方向性に期待するのはどうしてなのか。これらの問いへの答えは、デジタルの利用によって想像と欲望を処理することこそが、無尽蔵な人の欲望への柔軟な許容を実現でき得るから、である。

デジタルとフィジカルのトランスフォーメーション

デジタル化という方法で人の想像と欲望を満足させる。これは人類と人工物の歴史に根ざした視点であって、効率や便利というレベルではない。この方法は人類にとって大切な意味、大義として捉えるべきである。百億人で豊かに地球に住む方法とも言える。

しかも、そうした必然性がありながらも、この方法は人間の無限の想像と欲望に対応している。従来の人工物にはない性質と自由度があり、すでにスマホやVRがそれまでの人工物にないような体験を提供しているように、物質世界では実現が難しかった新しい次元の豊かな世界を実現する可能性がある。だからこそ、柔軟性のあるデジタルでモノをつくり、人々の欲望と想像をうまく処理し、体験につなげるインタフェースやインタラクション、ソフトウェア設計を理解しなければならない。

地球上のリアルな物理的体験に匹敵する、あるいはそれ以上の心地よさや感動を提供する方法を、私たちは理解する必要がある。美しいもの、残したいもの、伝えたいもの、それを大事にして、理解して、デジタルにする。そういう活動が必要である。そうでなければ、地球の天然資源を使う方法への依存を続けることになってしまう。地球資源は私たちが新たな世界をつくるための貴重なサンプルで、それはすでにもう保護対象である。「私はアナログとか実世界が好きだ」という主張は、ならばよりいっそう物質世界を消費から保護し、消費の中心をデジタル化せねばならない。物質世界は尊い存在であり、変えすぎてはいけない。希少性が高まるのだから「価値が高い」には違いないが、それは消費対象ではなく保護対象、「地球全体が博物館」のようなものとして捉えるべきである。

それが、生活も経済も社会も、デジタル8、フィジカル2くらいで再構成を目指していい、目指すべき理由である。そもそも、さらなる楽しさや感動といった体験には精神的な側面が多い。これまで物質が使われてきたのは、端的に言えば理由などなく、ただ単純に物質しか選べなかったからである。つまり物質は手段であった。近代において生理活動の充足のために使ってきた生産活動を、私たちは今、文化や社会活動にも濫用しているとも捉えられるのではないか。したがって、人間の文化や社会的な欲望や満足、感動の性質を考えれば、むしろフィジカルの濫用を止め、反省し、デジタルという方法へのトランスフォーメーションを急ぐべきである。

図1を見てほしい。ここで示しているのは、私たちが知覚し生きる世界の設計・構成方法が反転すると言っていいのかもしれないということだ。本書では、これをDXに伴うPX（フィジカルトラスフォーメーション）と呼ぶ。そして、ちょうど二〇二〇年の新型コロナウイルスによるパンデミックは、（この動きにリアリティを与えた意味で）そのDXとPXの交差点であったと考える。パンデミックでも社会経済のダメージを最小限にできたのは、パソコンやスマホ、インターネットのインフラが整備されていたからである。フィジカルがだめならオンラインを選べた。その利用開始と合意にやや壁はあったものの、デジタルで非常事態を乗り越えた。

このDXPXを考えれば、UXやインタフェース、インタラクション、そしてITに関わる技術が本格的に必要である。自然物理世界の再構築を見据えつつ、デジタル世界を豊かにし、人々を今以上に魅了する必要がある。

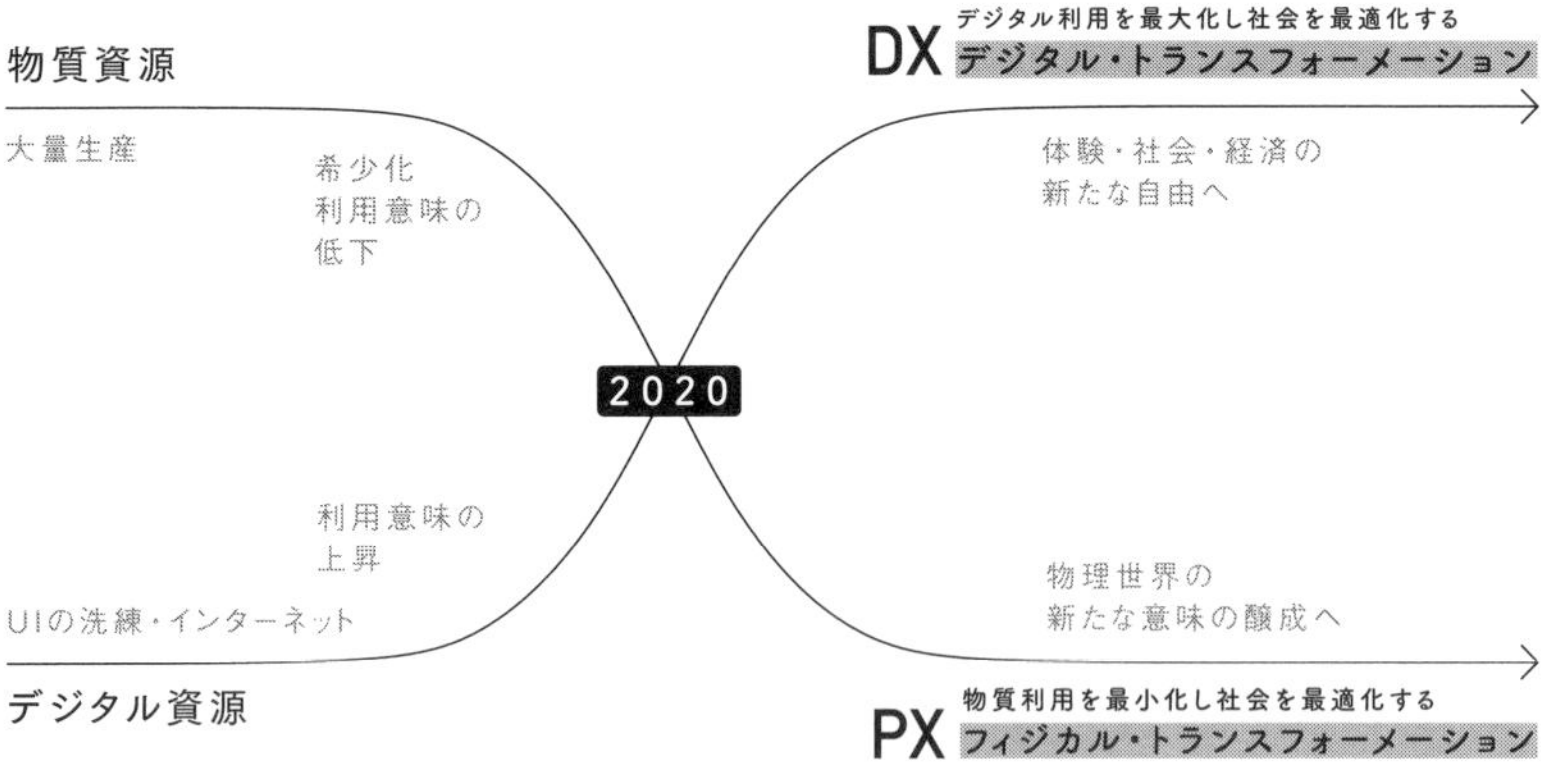

物質資源
大量生産
希少化
利用意味の
低下
2020
利用意味の
上昇
UIの洗練・インターネット
デジタル資源
DX
デジタル利用を最大化し社会を最適化する
デジタル・トランスフォーメーション
体験・社会・経済の
新たな自由へ
物理世界の
新たな意味の醸成へ
PX
物質利用を最小化し社会を最適化する
フィジカル・トランスフォーメーション

図1　DXPX

特に消費者が直接利用するB2C企業は自身の役割を改める必要がある。デジタルの持つ、自由な欲望に対する許容力に対して、物質で欲望を訴求することは不利になる。物質で欲望を満たす方法がトレンドでなくなる中で何をすべきか、どうあるべきかを見極める時期にきている。あるいはすでにその時期は過ぎているともいえるかもしれない。もちろん物質世界を無視して全人類がデジタル空間に住むようなことはできないが、物質、物質利用についての考え方、その役割の変容が問われているのだ。

*

デジタルであるということはどういうことか。本章では、デジタルを最強の人工物として捉え、いわゆる「デジタル対フィジカル」として問われることの多かったデジタルについて、その対立ではなく「人工化」という視点から捉えた。この呪縛ともいえる対立を止め、一歩引いて人工化の視点で、デジタル変革（ＤＸ）と同時にフィジカルの変容（ＰＸ）を同時に捉える。

無限に広がる人間の想像や欲望に対して、デジタルという方法は、環境負荷、人間の欲望に対して効率的で持続可能な方法である。デジタルとは、今日最も優れた人工化手法なのである。私たち人類はこの手法を使って、豊かさの探索を始めたのだ。いわば人工化のトランスフォーメーションの夜明けなのである。

さて、本書はここから、ＤＸに平行しＰＸをビジョンに置きながら、豊かさを追求する方法としてのデジタルという人工化手法を検証していく。次の第1章では、身近な最強人工物であるスマホがどうよくできているのか。第2章では、メタメディア時代のデザインをどう考えるとよいのか。第3章では、いわゆるハードウェアはどのようにトランスフォーメーションし得るのか。第4章では、最強の人工物・メタメディアの価値を支えるエコシステムとはどうなっているのか。第5章では、さらにこの先のUI、デジタルデザインがどうなるのか。第6章では、これまでのものづくりの歴史から今の方法に適した名前として「超軽工業(ウルトラライトインダストリー)」を与え、その設計、世界観について述べる。終章では、DXPXの世界について考察する。

第1章

最強の人工物、
スマホはどうよくできているのか

本章では、スマホを例に、それがどう人工物としてよくできているのかを考察していく。人工物は高性能、高機能化とともに、その利用の複雑さ、難しさとの戦いがあった。そしてそれは今もなお続いている。現代において一般の人々が利用する人工物で最も高性能、高機能の象徴といえばスマホである。それがどのように高性能で、複雑さや難しさの課題を乗り越え人々に受け入れられたのか。

結論からいえば、「単機能化」「フルスクリーン化」「入替性を持ったメタメディアであること」「物質に引けを取らない、もしくはそれ以上の触り心地を提供するＵＩを持つこと」が、これまでの人工物には見られないスマホの性質である。早速具体的にみていこう。

1-1

スマホはどうよくできているのか

スマホの歴史は十数年ほどしかない。より長い歴史の中での位置づけはまた違うかもしれないが、この十数年と、スマホ以前の世界を見ることで、スマホが人々にとってどうよくできているのかを理解しよう。

認知科学の観点から道具や機械の使いやすさについて考察したＤ・Ａ・ノーマンの著書『誰のためのデザイン？』（邦訳：新曜社、増補・改訂版、2015年）がある。インタフェースの専門書としてＨＣＩ（Human-Computer Interaction）やＵＩの研究者、それを学ぶ学生は当然として、日常生活の道具や機械を題材にしているため読みやすく、一般教養的な本としても多くの人に読まれる名著である。

この本は、デザイン、とりわけ「使いやすさ」について、認知科学的、心理学的な視点からはじめて体系的に説明された本と言われている。一般的にデザインは、それまでどちらかといえば非言語的で感覚的で、個人の作家性視点で語られ、客観的に語られることが少なかった。ノーマンはそれを言語化するだけでなく、認知科学的なアプローチでモデル化し、人間の認知メカニズムから使いやすさや使いにくさを説明した。この本によって、デザイナー個人のセンスを中心としたアプローチとは異なる、客観的で理論的なデザインへの認識が広がった。

時代はちょうど八〇年代、産業機器や日常的な道具の機械化が進み、マイコンなどによる制御が増えた。家電に作業を任せることで時間が節約でき、それによる余暇で趣味を楽しむことが容易となった。たとえばビデオデッキで予約録画したテレビ番組をいつでも見られるようになるなど、人々は機能が増える道具や機器によって生活が豊かになることを実感した。そして、機能が増えることこそが豊かさを高め、未来の新しい生活をつくる方法だと信じた。しかし、できることが多くなる一方で、使い方は複雑化していった。

九〇年代に筆者の家にあった炊飯器のダンボールには、「多機能」の文字が目立つ位置に表記されていた。多機能であることが価値の象徴だった。機能が増えると、当然使いこなすことが難しくなる。音感とも同じような感覚で「機械音痴」という言葉が生まれ、使いこなすことが当然であり、かっこよさでもあった。

しかし、ノーマンは、こうしたハイテク化する道具や機械の状況に問いかけた。なぜ、ただテレビ番組を録画したいだけなのに、ただオーブンを使いたいだけなのに、ときには眉間にシワを寄せながら分厚いマニュアルを読まなければならないのか。私は機械音痴なのだろうか。うっかりミスするのは私のせいなのか。

いや、こうした設計は自然の摂理ではなく、誰か設計した人がいるはずである。設計した人が悪いのではないのか、と。

つまり、機器が使いにくい、使えないのは、利用者のスキルの問題ではなく、設計者が行うデザインに問題があると主張したのだ。こうした問題の事例をあげながら、ノーマンは、設計者（デザイナー）、利用者（ユーザー）、人工物（アーティファクト）の間のやりとりをどうモデル化できるかを提示した。操作と結果の自然な対応づけ、環境が人間の行為の可能性を提供するという生態心理学のアフォーダンス（後に「シグニファイア」＝人間にとっての環境の手がかり情報、デザイン的メッセージとして再整理）などの考え方を提示し、デザインについて認知的、心理的な使いにくさが生じる原因を考察した。

こうして、人に対してのデザインはデザイナーやものをつくる人が直感でやるものではなく、その設計で利用者への負荷が変わることを意識する必要があるものであり、理論的で理由のある客観的なデザインとして「人間中心設計」の重要性がものづくりの現場において認知されるようになっていった。そして二〇〇〇年代には、ウェブの拡大とともにより使いやすく優れたＵＩ設計が不可欠となり、またソフトウェアやサービス産業の普及にとっても大きな役割を担う要素となった。こうした人間中心設計や客観的なデザインの重視は現在も続いている。

1-2

パソコンは複雑すぎて使えない？

この種のハイテク製品の代表として、矛先はパソコンに向かった。初心者でも比較的親しみやすいソフトウェア開発環境 Visual Basic を発明したアラン・クーパーは、パソコンは複雑で使いにくいとその著者『コンピュータは、むずかしすぎて使えない』（邦訳：山形浩生訳、翔泳社、2000年）で主張し、これまでのソフトウェア開発を批判するとともに、ユーザー中心の新しい設計手法について論じた（なお、ノーマンは「使いにくさの専門家」として九〇年代アップルでフェローを務め、パソコンの使い勝手の改善に関与した）。

現在のパソコンのＧＵＩ（Graphical User Interface）を象徴するマルチウインドウシステム（複数のウインドウを利用する）は、ダグラス・エンゲルバートらのＮＬＳ（oN-Line System）というコンピュータシステムからはじまった。パロアルト研究所の Alto やアップルの Macintosh を経て、今では多くのＯＳがこのＧＵＩを採用している。

マルチウインドウシステムは、私たちが机の上でさまざまな道具を使って複数の作業をするように、コンピュータ上でも複数の作業を実現するという考え方で成り立っている。このマルチウインドウシステムは、ソフトウェアの連携のしやすさの点でメリットが多い。それまでのコマンドラインで使うＣＵＩ（Character User Interface）の時代に比べ、グラフィカルで、現実世界から類推可能なメタファを利用した操作体系は圧倒的なわかりやすさを実現した。その結果、多くのユーザーに支持された。

マルチウインドウシステムはさらに机の上のように見立てるデスクトップメタファと融合し、パソコン普及に貢献した。しかし、マルチウインドウシステムは、画面上に複数のアプリケーション（アプリ）を同時に起動し連携できるよさがある一方で、使い方によっては煩雑な状況を生んでしまう。たとえばウェブブラウジングをしているうちに、いつの間にか膨大な数のウインドウが開いていたという経験をしたことがある人も多いだろう。他にも、複数のさまざまなアプリケーションがバックグラウンドで起動したままで、まるで実世界の机と同じように画面が散らかることも少なくない。また、一見わかりやすいデスクトップメタファだが、気がつくとファイルがあちこちに散らばり、その散らかりようは実世界の机よりもひどいということもある。それまでのCUIを用いるコンピュータに比べて実世界を模倣することで親しみやすさは提供できるかもしれないが、ウインドウにしてもファイルにしてもその管理はユーザーに任される。よって、利用者がずさんであればコンピュータ上もずさんな状況となってしまう。コンピュータの利用経験が長くなるほどこうした経験が増え、ユーザーが感じる煩雑さは大きくなる。

さらに前述のように、家電などの製品には「多機能であるほどよい」という価値観があったが、それはソフトウェアでも同様で、売り手にとっても買い手にとっても、ソフトウェアの機能を増やすことは価値としてわかりやすかった。当時、ほとんどのソフトウェアはサブスクリプションではなくパッケージ販売である。ソフトウェア会社が収益を上げ続けていくためには、継続的にバージョンアップし、機能を付加し、利用者に定期的に買い替えを促す必要があった。そうしてバージョンアップとともに多様な機能が盛り込まれ、アプリケーションは肥大化していった。

機能が増えることは一見よいことに思える。しかし、機能が増えると、それに伴いメニューの選択項目が増える。限られた場所に表示するためにメニューは階層化され、目的の機能へたどり着くまでの時間的コストは増えていく。したがって、機能が増えるにつれ、操作や印象がより煩雑となった。こうなると、新規ユーザーは不安を覚え、既存ユーザーも前のほうがよかったと思うことも増えていった。

こうした状況に多くのユーザーも疑問を持ち始めていたが、かといって解があったわけでもなかった。そうした中で、ノーマンは、道具は一つの目的に最適化されるべきで、それが使いやすい道具だと説いた。たとえば、アーミーナイフ、十徳ナイフ、これはいざというときにさまざまな用途で使えるものであって、日常的に使うものとしては使いやすいわけではない。このことを例に、コンピュータはそういった十徳ナイフ的な道具になってしまっていないかと問いかけた。原始的な道具がそうであるように、一つの目的に最適化している道具が使いやすく、家電でも複数のことができるものより単機能（アプライアンス）のものが使いやすいと考察した。

そしてノーマンは、コンピュータの設計もそう考えるべきだとして「情報アプライアンス」という考え方を提唱する（『インビジブルコンピューター―PCから情報アプライアンスへ』（邦訳：岡本明、安村通晃、伊賀聡一郎訳、新曜社、2009年））。たとえば、かつてモーターはモーター単体で販売され、そこに接続する装置によってさまざまな問題を解決するシステムとしての売り方がされていた時期があった。しかし、今家庭に数種類のモーターを用意し、目的に応じて扇風機につないだり、コーヒーミルにつないだり、洗濯機につないだりするような使い方はしない。現在では、モーターはあらゆる製品の部品として使われ、ユーザーは内蔵されたモーターを意識する必要はない。ノーマンは、コンピュータもそうしたあり方が適切であると主張した。とにかく目の前のコンピュータを使っている意識が高すぎることを大きな課題として捉えた。

こうした、コンピュータを使う意識とインタフェースに対する課題への解として、アメリカのコンピュータ科学者マーク・ワイザーが一九九一年に提唱したのがユビキタスコンピューティング[※1]である。ユビキタスコンピューティングは、日本でもおおよそ二〇〇〇年から二〇一〇年にかけて話題となった概念である。ユビキタスは「遍在」を意味する。日本ではなかなかこの考え方が正しく理解されず、「あちこちにコンピュータがある世界」という程度の理解しか進まなかったように思う。しかし、この考え方は、あらゆる製品の背後にあるモーターのように、人はそれを意識することなくその恩恵を受けられるというビジョンのもと、コンピュータの在り方を描いたものであった。たとえばメガネをかけるとその存在を意識しなくなり、力（視力）を得られる。そういった人間の認知や意識のメカニズムを用いた考え方である。

二〇〇〇年初頭に入り、コンピュータとインターネットが急速に発展し、さらにソフトウェアで生活が変わっていく期待が高まった。一方で、無理やりそれに応えようと、ユーザインタフェースも混沌としていった。多くの研究者や企業が新しいコンピュータのカタチを探っていた時代だった。

※1　The Computer for the 21st Century（https://www.lri.fr/~mbl/Stanford/CS477/papers/Weiser-SciAm.pdf）

iPhoneの登場

二〇〇八年、iPhoneの登場で状況が少し変わった。最初はiPhoneに対して懐疑的な人が多かった。それまでもPDA（Personal Digital Assistant）といった小型情報端末はあったが流行る兆しはなかったし、ガジェット好きのごく一部の層にしか普及していなかった。それまで「スマートフォン」と名乗るのはBlackBerryくらいで、主にビジネスユースだった。携帯電話は今でいうフィーチャーフォンが絶好調の時代で、特に日本の携帯電話は世界でもトップレベルの機能を持っていた。そのため、いくらアップルがつくった携帯電話といえども市場に入り込む余地はないかのように思えた。

たしかにiPhoneの画面は、従来の携帯電話に比べると大きく、グラフィックも洗練され、フレームレートも高い。マルチタッチはこれまでに触れたことのない衝撃的なインタフェースだった。しかし、このときアプリケーション（アプリ）はアップル製のものしかなかったし、とりわけキーボードはタッチパネル上にソフトウェアで実装され、これで文字を入力するのは、使いにくいというよりも馬鹿げて見えた。

しかし、日本でもiPhone 3Gが発売され、アプリの開発が個人の開発者にも開放されると、状況は徐々に変わっていった。iPhoneは毎年新しいハードウェアとして発表され、OSも毎年アップデートされる。グーグルはAndroidで対抗し、特殊な進化を遂げていた日本の携帯電話は、よくも悪くもまるでガラパゴス諸島の独自に進化した生物のようだと「ガラケー」と称され、その後、市場から消えていった。

1-3

iPhoneはどうよくできているのか

これまで見てきたとおり、家電機器は機能を付加することで発展してきた。ハイテク化し、操作も複雑化していった。パソコンもその流れをたどっている。一方でノーマンは、単機能こそ重要だと主張した。ではスマホは、iPhoneは、どうだろうか？

iPhoneやスマホは、日本では多機能情報端末などと紹介されるため、単機能ということはないだろう。しかし、単機能か多機能かという捉え方はかなりよくない。そもそもコンピュータはメタメディアである。それはもちろんスマホも同様である。メタ性そのものには論理性は備わっていないし、機能も備わっていない。忠実に考えると、機能的には「計算によって実現する」という単機能である。つまり、機能はメタメディア上では表現に過ぎない。多機能に見せるか否かは、入っているソフトウェア次第である。別の表現をすれば、「単機能的」に見せることもでき、そのように使える。前述のように、アラン・ケイはコンピュータに実行可能なシミュレーションを制約するのは人間の想像力の限界だけであり、コンピュータは現実から切り離したナンセンスなことも表現できる、と言っている。であれば、スマホは「多機能型」と表現するより「汎用表現装置」としたほうがよい。

iPhoneは、これまでのコンピュータのようにオフィスや机の上での作業をメタファにすることをやめ、マルチウインドウをやめ、この「単機能的にも使えること」を積極的に利用したのだ。多機能との戦いに邁進してきた携帯電話とは対照的なアプローチだ。これは、見落とされている大事な視点である。iPhone に代表されるスマホは、次に示す四つの特徴――1．アプリは小さく単機能に　2．全画面利用　3．インターネット前提　4．身体の一部と感じる自己帰属感のあるＵＩ――によって、コンピュータの本質であるメタメディアの性能を発揮しながらも、複雑性を排除し、これまでのパソコンにはなかった操作感や体験を提供することに成功している。それぞれについて掘り下げていこう。

1――アプリは小さく単機能に

スマホのアプリは、ＰＣのソフトウェアと違って明確な目的ごとにアプリが分けられている。少なくとも純正アプリは「一つのアプリに一つの目的」のルールで作られている。これはアップルによる iOS 向けの「ヒューマンインターフェースガイドライン」に記載されている。たとえばカメラアプリと写真アプリは一見似たもののように思えるが、「写真を撮ること」と「写真を見ること」では目的が違うため分かれている。ほかにも、Facebook もダイレクトメッセージが送れるが、それはメッセンジャーアプリとして別に用意され、グーグルのアプリも Map、Gmail など目的ごとに分かれている。

目的を一つにすることで、アプリ内のメニュー構造がシンプルになり複雑化が避けられる。その結果、ユーザーは使い方を想像しやすく、余計なことを考えずに済む。また開発者側は機能を追加することに慎重になる。つまりそのアプリの目的を超えるような機能ではないか、矛盾がないかについて考えることになる。

目的を一つにするという一見単純な話のようで、極めて大事なガイドラインであり、実際やろうとすると難しい。アプリを設計するときには、まずUIを考える以前に、つくるアプリの目的を明確にすることが大前提となる。この分析を間違うとUIを適切に構造化できず、「何」であるかわからない、使いにくいものになってしまう。たとえば、マイクロソフトやアドビのデスクトップアプリは利用者の目的というより機能中心に設計されている。見るからにメニューは複雑で、おそらく利用者はすべての機能を知らないし使ったことがないものも多数あるはずだ。

つまり、アップルのガイドラインには、これまでのマルチウインドウ時代に起きた多機能化による煩雑さ問題をよく知っているからこそそのソフトウェアのデザイン思想が込められている。パソコンはデスクトップメタファを採用し、専門的な「作業」を行えるという点で柔軟性を獲得したが、マルチウインドウシステムにはユーザー自身の適切な管理が必要となる。適切な管理がされないとファイルはあっという間に散乱し、使う側の集中を阻害し、かえって作業の邪魔になる。また、携帯電話は立ちながらの利用も多く、モバイル端末という性質上、当然画面はパソコンに比べて小さい。その制約を考えると、iPhoneを目的特化した単機能型とすることは合理的な考え方だった。

2——全画面利用

先に述べたように、iPhoneはマルチウインドウシステムを採用していない。パソコンのようにデスクトップという作業空間があり、ウインドウというタスクが並んでいるような状態ではない。アプリは基本的にフルスクリーンで起動し、ホームボタンで終了（スタンバイ）、ホーム画面に戻るという使い方を基本とする。そのため、目的に特化したアプリがフルスクリーンとして画面を専有する。

この方法はとても強力である。なぜかというと、スマホは多機能端末であっても、アプリを起動すると単目的の専用デバイスとなるからだ。つまりノーマンが主張した情報アプライアンスの状態になる。そして、この単機能化とフルスクリーンにより、スマホが一時的に「ある専用装置に化ける」。ユーザーがある目的のためにアプリを起動すると、スマホはその目的を達成する専用装置に化け、ユーザーは専用装置として使えるのだ。

そしてまた、iPhoneのソフトウェアキーボードもこのことに一役買っている。iPhoneが登場したとき、ハードウェアキーボードがないことは、あり得ない、流行らない、とネガティブに捉えられた。筆者自身もこのソフトキーボードでメールを書くのは厳しいと感じたし、実際今でも短い文章程度しか入力しない。しかし、キーボードをソフトウェア実装にしたことのメリットは大きかった。

まず、キーボードは見た目からして複雑である。ボタンが複数並ぶため複雑そうな装置となる。また、アプリによってはキーボードが不要なものもある。キーボードはテキストの入力を行うためには必須であるが、たとえばゲームで遊ぶ際は必要な情報を閲覧するために時々欲しくなる程度である。そうした利用が少ないものをハードとして搭載することは、画面領域を圧迫してしまう、あるいは筐体が大きくなってしまうというデメリットとなる。また、スマホが一時的に「ある専用装置に化け」ても、キーボードがあることで

「キーボードが付いた何か」という印象から逃れることができなくなり、複雑に見える。さらにアプリ開発者も、キーボードがついていればそれを使った操作体系でアプリを設計してしまいかねず、それが複雑さを提供してしまう。

目的が一つの単機能アプリが全面画面を覆い、まるである一つの専用ハードウェアに化けて利用できることは、ハードウェアキーの押し心地やフィードバックの感触などの人間工学的使いやすさよりも、全体として認知的・意味的側面でのわかりやすさを生み出したのだ。

3 —— インターネット前提

iPhoneがパソコンと違う点に、インターネットとの関係がある。パソコンはインターネット以前から存在し、今でもインターネットに繋がなくても利用価値はある。しかしスマホは、携帯電話回線に常時つなぐことが前提の装置になっている。電話としてつくられている部分もあり、基本的には電源も切らずに待機させておく。常に電源オン、オンラインが前提のアーキテクチャである。アプリもネットからダウンロードする。パソコンとは異なり、CDやUSBメモリを通してインストールすることは原則できない。スマホはインターネットに接続していないと、パソコン以上に価値を出しにくい、あるいはほぼ価値がないハードウェアである。

パソコンでもスマホでも、メタメディアであるコンピュータのよいところは、ソフトウェアを入れ替えることによって機能や体験をまったく別のものにできる「入替性」にある。インターネット以前は、この入れ替えにはCDやDVDなどのメディア媒体からコンピュータに取り込む物理的な作業を必要とした。しかし、スマホはインターネットが前提でソフトウェアの入手がボタン一つでできてしまう。つまり、スマホはコンピュータのよさである「ソフトウェアを入れ替えることによって機能や体験を入れ換えられる」という入替性能が著しく向上したのだ。スマホは、そこにない機能や体験を瞬時に取り込み、さらに単機能のフルスクリーン化で瞬く間に専用装置に化けてしまうのである。

iPhoneは多機能ではあるが、ユーザーは多機能を多機能のままに使うのではなく、ある目的に最適化した専用装置に化けさせて使っていることになる。これは従来の多機能の概念とは大きく異なる。それにより、アーミーナイフ（十徳ナイフ）のように、多機能化するほどに使い勝手が低下することがほぼなくなる。

しかも常に、容易に目的の専用装置に入れ替えることができ、機能が足りなければさらにダウンロードして瞬時に必要な機能を取り込める。アラン・ケイはコンピュータのことをメタメディアと言ったわけだが、まさにスマホは常時インターネット接続により、より優れたメタメディアとなった。CDやDVDでソフトウェアをインストールしていた時代のコンピュータは入替性という点でメタメディア1・0であり、一方インターネットが前提のスマホはメタメディア2・0と言え、インタフェース面でもハードウェアへの依存が少なく、その自由度には大きな違いがある。

入れ替えられるという考え方は、コンピュータやインターネットの特徴としてあまり議論されることは少ない。しかしこれが、それまでの物質ではできなかった、メタメディアであることの特徴である。いわばコンピュータの最も大事な価値ともいえる。

さて、スマホのよさを整理すると、メタメディア2・0と考えるくらいには汎用性と自由度が高く、面白く魅力的なところがある。しかし、汎用性と自由度が高いことは逆に多くの人にとって課題ともなる。汎用性が高いことは、誰にとってもよいというわけではない。

汎用性が高いことが真に価値となるのは、ほとんどの場合、設計者、つくり手にとって、である。汎用性が高い装置をうまく活用し定義できる多様な設計者がいるからこそ、利用者はその高い汎用性の価値の恩恵を受けることができる。利用者は、自分の問題解決や目的達成が効率的にできると嬉しいと感じる。写真の加工やチラシの作成、あるいは確定申告をどうにか解決したいのに、なんでもできるからといってアプリが入ってないスマホと開発環境を渡されても困る。

一方、設計者はこの自由度を自分の目的や他者の問題解決にどう役立てるかを考える側であるため、その自由度は強い味方になる。しかもそれが全世界に普及しているインターネットとスマホ上で動作できるのだから、つくり手としては夢の広がる部分である。場合によっては、それにより莫大な金銭が得られることもそのモチベーションを支える。

つくり手は、このメタメディアの自由度の高さ、UIおよびインタラクション原理や性質を適切に理解しながら、利用者の問題解決や目的達成を理解し、単一目的に最適化すること、優れたソフトウェアを実現することを目指す（次章で詳しく述べるが、これが今どきの「デザイン」である）。

こうしてハイテク化が進む機械やパソコンは、スマホという、ほぼ全体が画面という構成で単機能のアプリで専用装置に化けるデバイスの登場によって複雑性を回避した。このことで多機能の価値を継承しながらも使い勝手の悪さを最小化し、一般の人々がなんとか利用できるレベルに落とし込んでいる。もちろんまだ複雑なところはあるし、ここがゴールでもない。しかし、専門的・業務的に利用するソフトウェアではなく、「日常生活で利用するソフトウェア」という点においては、目的特化のアプリで提供することはある一つの到達点といえる。老若男女がこれらのアプリを使用する。アプリは現代の暮らしをつくり、文化を担っている。文房具、キッチン小物道具、雑貨が暮らしをつくってきたように。暮らしの知恵や工夫を紹介する雑誌では従来、道具や収納方法、お金にまつわるノウハウが展開されてきたが、この変化を受け、昨今はそこにソフトウェアの紹介も取り入れるようになっている。

4——身体の一部と感じる自己帰属感のあるUI

ソフトウェアの設計には、内部処理のモジュール化や効率化、データベース設計などのさまざまな視点がある。しかし、利用者にとってはUIがすべてである。中はブラックボックスで、UIしか知覚できない。UIが人のリアリティをつくる。ハードにおけるプロダクトデザインでは、その材料や質感が存在感やリアリティを形成していたが、ソフトウェアではUIがそれを担う。UIは「操作部分」や「使い勝手」を担うだけではなくなった。人の体験自体をつくっているという意識を持って設計するものとなっている。しかもUIは物質でないゆえに、ベースとなるのは物質論ではない。その礎となるのは人の知覚や認知メカニズムである。そもそも「リアル、リアリティとは何か」ということや「人間にとって道具とは何か」を考えながら設計する。それには、ある種の筋の通った考え方、思想、哲学のようなことが求められる。それでいて美しさや洗練さも必要で、いわば「実在」をつくっているといえる。これはどういう存在で、どうやって存在するとよいのか、存在するべきか、という「実在の設計」をしている。

そうした存在感やリアリティ、そもそも道具とはどういうことかという点から設計しようとすると、従来とは違った観点からの設計、考え方を前提に置く必要が出てくる。筆者の前著『融けるデザイン』（2015年）では、そうした点からUIのあり方について「自己帰属感」というキーワードを用いて考察した。特にiPhoneのUIの気持ちよさは、手の動きと画面の中のグラフィックの動きが高く連動することで、その操作対象が「自分の一部と感じる」自己帰属感を生み出すという知覚の性質に由来することを、ダミーカーソル実験などを紹介しながら解説した。

iPhoneのUIの気持ちよさは、アニメーション表現の素晴らしさではなく、UIを通した操作が自分の身体の一部となるためである。そして、それは人の意識には上らない、無意識的に使える認知的に透明なUIである。物質世界は、人の知覚や行為に常に連動的で、何かをすれば何かが変わる。環境は途切れることなくテクスチャを持ち、右を向けば世界は左に流れて動き、行為は止まることなく流動する。世界体験はそれに常に呼応している。当然、インタラクティブである。〈私〉と〈世界〉は常に知覚と行為で結ばれていて、疾患（統合失調症など）がない限り自己帰属感がある。しかし、それを意識する必要はない。そのため、ソフトウェア設計においては、遅延やデバイスの特性、それらを踏まえてインタラクティブの根本から設計および実装する必要がある。

『融けるデザイン』の出版から三年後のアップルの開発者会議WWDC2018で、「Designing Fluid Interfaces」というiPhoneのＵＩ設計の考え方から設計までを説明する一時間ほどのセッションがあった。[※2]ここで少し引用する。アップルもまた、道具とは何かと問うところから始まり、思想と哲学的な観点からiPhoneを身体の延長として捉えることの重要性について述べている。

※2 WWDC2018「Designing Fluid Interfaces」(https://developer.apple.com/videos/play/wwdc2018/803)

フレームレートだけの問題ではありません。一秒間に60フレームでなめらかに動いていても、なぜか「何かが違う」と感じることがあります。

では、その「何か」とは何なのでしょうか。私たちは最終的に、「道具が心の延長のように感じられるかどうか」に行き着きました。

なぜそれが重要なのでしょう？ iPhoneは情報やコミュニケーションのための「道具」ですよね。触覚と視覚を結びつける手元のツールです。しかし考えてみれば、これは人類が何万年も使ってきた「手道具」の延長線上にあります。たとえばここにある道具は、十五万年前に骨髄を取り出すために使われていたものです。それは指先の延長として、指ではなし得ない鋭さを与えていました。

人類は長い歴史の中で手道具を作り続けてきました。そして驚くべきことに、私たちの手は道具に合わせて進化してきたのです。手には多くの筋肉や神経、血管が密集し、非常に繊細な動きや軽い触感を感じ取ることができます。つまり、私たちは「触覚を軸とした世界」に極めて適応しているのです。

コンピュータの歴史を振り返ると、かつてはインタフェースと私たちの間に多くの「壁」が存在していました。コンピュータを操作するには膨大な知識が必要で、それが多くの人にとって手の届かないものにしていたのです。

しかし、ここ数十年の間に、その壁は少しずつ取り払われてきました。最初は間接的な操作から始まり、徐々にインタフェースと私たちの関係が「一対一」に近づいていきました。そして今、ついにすべての壁が取り払われ、私たちはコンテンツそのものに直接触れるようになったのです。

これが魔法のようだと感じる要素です。それは、ただのコンピュータではなく、まるで自然の一部のように感じられます。つまりこれは、これまでのインタフェースよりも原始的なレベルで私たちとコミュニケーションを取っている、ということです。

ただし、私たちの期待値は非常に高く、ほんの少しでも違和感があれば、その魔法のような感覚は一瞬で壊れてしまいます。しかし、うまくいったとき、それは自分自身や身体の延長のように感じられるのです。まるで考えと一体化した道具のようで、使っていて心地よく、スムーズで、時には楽しく感じられるほどです。

では、なぜそんな感覚が生まれるのでしょうか？　逆に違和感があるとき、どうすれば自然に感じられるようにできるのでしょうか？　これこそが、このプレゼンテーションでお話しする内容です。

（WWDC2018「Designing Fluid Interfaces」（筆者による翻訳））

アップルによる説明には、fast、smooth、fluid、natural、magicalという形容詞が出てくる。そして、これらはフレームレートの高さから生まれるものではなく、身体の一部として、身体の一部となるように設計することが生み出すのだと説いている。アップルは昔からＵＩにはこだわりがあるが、このDesigning Fluid Interfacesは史上最高のＵＩ設計ともいえるほど、一つの到達点に達している。多少大げさな部分はあるかもしれないが、こうした設計を人類の道具の発展の中に位置づけている。

なぜここまで設計のつくり込みを進めるのか。それを目指すのか。それは、先にハードウェアキーボードも捨て、ほぼすべてをタッチパネル化した画面に託してしまったからである。今日iPhoneに限らず多くのスマホにおいてボタンが排除され、画面は限りなく縁まで広がっている。そうなると、（構想されていたことだが）すべての体験はソフトウェアによって提供することになる。

新しい人工物の設計――ソフトの価値の最大化

スマホという物質を手で握っているのは確かだが、たとえるなら、私たちはソフトウェアを握っているといったほうがいいくらいには全部がソフトウェアである。これは結果論ではなく、ソフトウェアの価値を最大化するためにハードを最適化した帰結である。ハードでの意匠性を限りなく除去し、最小化しているのは、ミニマルデザインや機能美ということではなく、メタメディアの特徴をもたらすための設計だからである。

携帯電話サービス「au」を提供するKDDIは「au design project」と称して有名デザイナーを起用し、数々の携帯電話を開発してきた。その一つに深澤直人氏によるINFOBAR（2003年10月）がある。当時、携帯電話市場で広く普及していたのは折りたたみ型の筐体であった。INFOBARは、折りたたみではない縦型のその形状が大きな話題となり、広く認知された。au design projectは二〇〇七年で終わるものの、その後、二〇一三年にスマホ仕様のINFOBAR（INFOBAR A02）が再登場する。INFOBAR A02が発売された際、プロモーションビデオとして開発者インタビューなどが公開された。その中で、プロダクトデザインを行った深澤氏とUI設計を行った中村勇吾氏は次のように述べている。

深澤：その機能との融合を非常に考えた。INFOBARというとまず色ですよね。その一番特徴的だった、色とハードキーの組み合わせは今のスマートフォンにとってもうあまり意味がない。というか、ハードキーが必要なくなってしまっている。その一番特徴化された部分を残すということを考えた。パワーのオンオフとかボリュームのアップダウンとか、そういったものはハードなキーとして必要なので、そこを一つの特徴にしましょうと。

中村勇吾さんはインタフェースに新しい風を吹き込んだ、世の中をびっくりさせた人だと思う。彼とまた一緒に組む、ハードとソフトが手を組むみたいな。これまでは、どうしてもハードとソフトはやっぱり別のものだったんですね。もうそこに境目はなく、ともに一つのインタフェースの塊として成長してきた。

そこが、また彼と組んだ最も面白いところ。

（〜中略〜）

中村：ＵＩに求められることとして、すごく機能的で自分が使いたい用途にすぐ応えてくれるみたいな、そういう使いやすさが大事なんですけど、それだけじゃなくて、ただずっと触っていても楽しいとか、ものとしての存在感っていうのはなんだろうって。触っているときのちょっとした動きの感じであったりとかそういうことかなって。

（INSIDE INFOBAR　A02 開発ストーリー（https://www.youtube.com/watch?v=hIUbnHDVqNY））

彼らの発言には、INFOBARA A02がメタメディアであることがにじみ出ている。また、プロダクトデザイナーである深澤氏が物質での設計部分は最小化したと述べる一方で、中村氏は「触って楽しい」「モノとしての存在感とはどういうことか」を考え、設計したことを語る。これまで、物質の面での存在感や体験を考えるのは深澤氏のようなプロダクトデザイナーの仕事であった。しかし、この対談でそれを語るのは中村氏である。質感や存在感といった感覚的なものを画面の中で提供する時代に変わっていることに気付かされるインタビューとなっている。

従来、画面とそのＵＩは機能へのアクセスだったが、画面がほぼプロダクトの表面となった今、画面とそのＵＩが担う機能は、使いやすさに加えて、物質あるいは物質以上の体験や感覚をソフトウェアで実現することとなる。それがリアリティの基盤、前提となる。こうした知覚、感覚レベルでのインタラクションデザインをＵＩ設計として施さないと、何をやってもイマイチな体験になってしまう。

日本に限らず、ハードウェアメーカーはそうした感覚の表現をハードでやってきたところがある。たとえば、折りたたみ型携帯電話のヒンジをたたんだときの音や触感の調整、自動車のドアを閉じたときの音の調整である。たとえ大量生産の品であっても高品質なテクスチャの質感をどう実現するか、その製造方法を模索してきた。そうした微細ともいえる質感、感覚の調整を、今はソフトウェアで設計、追求する流れがある。スマホアプリであれ、ウェブであれ、微細なインタラクション設計が随所に施されている。そして、それはますます拡大している。こうしたソフトウェアのＵＩ、インタラクション設計と人の感覚をつなぐ部分の設計は、ソフトウェアでビジネスするための前提でもある。

ＵＩやインタラクションは単なる機械の操作部分ではない。利用者にとって、その製品の体験の中心であり、ブランドであり、接客ポイントであり、ビジネスの土台である。品質のよい接客のために店舗の内装を変えるように、顧客との継続的な関係を築くためにＵＩやインタラクションを重視しながらソフトウェアの体験を高めていく。それはアップデート可能で、同じ製品であっても、ときに驚きや感動を与える。そうした体験や価値提供は、売り切りのハードウェアでは難しい。

人が触れる部分、体験の中心を全部ソフトウェアで実現する。物質を超えた質感、体感を提供し、高い自己帰属感で身体と融合する。それでいてそのモノは、何かに自由に化ける。開発者にも利用者にも柔軟で自由な存在になる。こうしたソフトウェアでの感覚的な設計の積み上げは将来に継承でき、製品価値を高めることへつながる。

　それにもかかわらず、ＵＩやインタラクションというのはまるで「機械を設定する部分」くらいの扱いがされている気さえする。あまりにも産業界の中でその重要性が認識されていないのではないか。おそらくハードで高度な質感表現ができてしまうため、わざわざソフトウェアでやる必然性が見えないためだ。顧客との関係は店舗で、営業でやればよいと考えている節もありそうだ。

　また、ソフトでやろうとしても、ノウハウがないためスマホのようにはうまくできないこともある。チャレンジしてもイマイチなものが利用者に届くと、結果的に利用者はソフトウェアの操作パネルよりも従来のハードでの操作のほうに好感を持ってしまう。たとえばYouTubeなどで自動車のレビュー動画を見ると、未だに「タッチパネルは使いにくい」という評判を見かける。カーナビ機能だけではなくエアコンの設定や自動車自体の機能の設定もそこで行うような車種が増えてきた。しかし、そこで表示されるアイコン、レイアウト、アニメーションなどのＵＩ・インタラクションは実際イマイチなものが多い。これが二〇一〇年くらいの話であればわかるが、二〇二四年でそれを聞くと筆者としては勝手ながら焦りを感じてしまう。「ソフトウェアのＵＩがよくできていないからイマイチである」ことに気づかず、「ハードではないからだ」と原因を誤認している。じゃあハードに戻そうとなってしまい、どうやったらソフトウェアで優れたＵＩを実現していけるだろうかという発想につながっていかない。

　一方、テスラは後発でありながら（あるいは後発であるがゆえに）、運転制御に関する部分を除き、車内の操作部分はすべて大型のタッチパネルに集約している。しかも洗練されている。テスラは自動車自体の機能のアップデートも含めて、そのUI自体もネットを通じてアップデートし、改善を続けている。

ソフトウェアとそれがもたらす自由度のうえで、ユーザーに提供する体験を研ぎ澄ましていく。最初は無骨さが残るものであっても、アップデートを重ねる中でユーザーの声が巻き取られたり、あるいはエンジニアやデザイナーのアイデアによって、ハードでは実現できないような、これまでにない利用者との一体感のある道具、システムとなっていく。その先には、「物理ではないから使いにくい」というようなデメリットは、まったく別の方法で解決されてしまう世界線がある。

*

ここまで、スマホはどうよくできているのかを振り返ってきた。本章冒頭で示したように、ハイテク化する人工物にはその利用の複雑さ、難しさとの戦いがあったわけだが、そうした中でもっとも高性能、高機能ともいうべき現在最強の人工物であるスマホは、それをうまく乗り越えた。多くの機械や道具が直面する「多機能化すると使いにくくなる」問題に対し、スマホは「単機能に化ける」ことで解決し、多機能と単機能の併存に成功した。そして、ハードとしては極限まで汎用性とメタメディア性を高め、単機能フルスクリーンアプリで極限まで問題解決や目的達成のために専用性を高め、価値を定義する戦略を採った。

これが現代のデザイン行為であり、新しい人工物の設計、工法である。では、この優れた工法を、スマホ以外にも広げていくにはどうしたらいいのか。次の第2章では、この汎用性と専用性という分け方について考えていきたい。

第２章

メタメディア時代のデザイン

第1章では、スマートフォンを最強の人工物であるメタメディアとして紹介し、その特徴を掘り下げた。本章では、高い汎用性を持つメタメディア上でのデザインプロセスに焦点を当てる。汎用性の高いメタメディアでは、物質やハードウェア重視の時代に見られた従来のデザイン方法とは異なるアプローチが求められる。この違いは何か。本章では、物質を基盤として大量生産を前提とした二〇世紀までのものづくりとデザインを振り返りつつ、メタメディア時代のデザインを「汎用性」と「専用性」というキーワードを軸に考察していく。

2-1

汎用性と専用性

汎用性と専用性は比較的一般的な言葉であるが、これらのキーワードを使うことでデザイン的な思考と科学・技術的な思考のモチベーションを整理できる。昨今のデザインとはどういうことか、科学や技術との関係もうまく説明できる。

デザイン的思考とは対人専用性を設計することである

まず、デザイン的な思考とは、それがグラフィックデザインであれ、プロダクトデザインであれ、情報デザインであれ、インタラクションデザインであれ、美大やデザイン学科を中心に行われるデザイン活動であれ、人を相手とする対人の設計である。こうしたデザイン的な思考、デザイン行為とは、「技術や素材の持つ性質の汎用性を、問題解決と利用する人のための専用性に仕立てること」である。これによって、問題解決や目的達成がしやすくなり、それを利用することで人は嬉しく楽しい状態になる＝その人に「体験のよさ」をもたらす。

この専用性の仕立ては対人設計であるため、誰が使うのか、そこでの状況や文脈の問題を分析する。そして、どういう目的や欲望を持つ人がどういう問題に壁を感じているかを理解する必要がある。この理解が深まるほどに、どうすればよいのかが見えてくる。これがデザインにおけるアイデアである。この深さが専用性であり、深くなるほどにその後の問題解決と達成の効率がアップする。人は誰ひとりとして同じではないため、最もよい体験とは「さまざまな目的、問題において、〝あなたひとりを理解して〟設計された、わたし専用」のものである。デザイン的な思考、行為において、最初から汎用性を狙うことはほとんどない。

だが、少しくらい似た人がいるだろう、だから平均的である程度汎用的であるほうがよいではないかという感覚があるかもしれない。私たちは「平均」という物の見方を好む傾向にある。物事を平均より上か下かという観点で見ることも日常的だ。しかし、「平均」という概念を普遍的、一般的、または中心と解釈することは危険であり、誤っている。

トッド・ローズの著書『平均思考は捨てなさい――出る杭を伸ばす個の科学』（小坂恵理訳、早川書房、2017年）はこの点を詳細に説明している。特に有名な例として、アメリカ軍の戦闘機のコックピットのデザインに関する話が挙げられる。

パイロットの身体測定を空軍から任されたとき、平均に基づいた軍の設計思想がほぼ一世紀ぶりに覆されることをダニエルズは秘かに確信していた。航空医学研究所で手や足やウエストや額を測定しながら、ダニエルズは頭のなかで同じ質問を繰り返した。実際のところ、平均的なパイロットは何人存在するのだろうか。彼はその答えを見つけようと決心する。そして、四〇六三人のパイロットから集めた大量のデータを使い、コックピットのデザインに最もふさわしいと思われる平均的な寸法を身長、胸回り、腕の長さなど、一〇カ所について計算した。そのうえで、この「平均的なパイロット」の体のサイズとの誤差が三〇パーセント以内ならば、おおむね平均に該当するものと見なした。たとえば、データから割り出された平均身長は一七五センチメートルだったので、「平均的なパイロット」の身長は一七〇センチメートルから一八〇センチメートルの範囲になる。ダニエルズはここまで準備を整えると、パイロットをひとりひとり、平均的なパイロットと比較する作業に取り組んだ。研究所の同僚たちはダニエルズの計算の結果を待っているあいだ、パイロットの大半はほとんどの部位の測定値が平均の範囲内に収まるだろうと予測した。結局のところパイロットの応募者は、体が平均的なサイズかどうかでまずふるいにかけられる（たとえば身長が二メートル以上あったら、つぎの段階には進めない）。かなりの人数のパイロットが、一〇項目すべてに関して平均の範囲内に収まるだろうと科学者たちも予想した。しかし実際の数字がまとめられると、ダニエルズさえも衝撃を受けた。結果はゼロ。四〇六三人のパイロットのなかで、一〇項目すべてが平均の範囲内におさまったケースは一つもなかったのである。平均と比べて腕が長く、足が短いパイロットがいるかと思えば、胸回りは大きいのに腰回りの小さいパイロットも確認された。それだけではない。一〇項目を三項目に絞り込み、たとえば首回り、腿回り、手首回りに注目してみても、三つに関してすべて平均値におさまるパイロットは三・五パーセントに満たなかったのである。ダニエルズが発見した答えは明快で、議論の余地がなかった。平均的なパイロットなど、存在しないのである。つまり、平均的なパイロットにフィットするコックピットをデザインしたら、実際には誰にもふさわしくないコックピットができあがるのだ。（トッド・ローズ『平均思考は捨てなさい――出る杭を伸ばす個の科学』（邦訳：小坂恵理訳、早川書房、2017年））

人々を対象にしたごく日常的な平均にはじまる、こうした統計的な処理は、確かに全体像を把握することには役立つ。しかし、平均やボリュームが大きい部分が正解というわけではないことに注意しなければならない。私たちは、特に産業革命以降、大量生産という制約のために、こうしたボリュームゾーンやセグメンテーションを基準にモノを生産してきた。そうせざるを得ない状況が私たちの平均的な感覚をつくり出し、認識や価値観を歪ませたところがある。

科学は「人はいかに同じか」を追い求めてきた。そこに二〇世紀の大量生産の志向が都合よく相まって「人」の見方を変えてしまった。そのカウンターもあり、二一世紀は「人はいかに違うか」を見出そうとする時代となっている。またものづくりも、コンピュータと組み合わせた3Dプリンタ、レーザーカッター、さらにマシニングセンタなどの高度な工作機器によって多品種少量生産を効率的に実現できる仕組みが整いつつある。こうした環境での自動化が進めば、人々を統計処理せずに、「個人」に合わせた専用的なものづくりが実現する。もちろんソフトウェアの設計も同様である。

こうした流れがあるからこそ、デザイン行為やデザイン思考がつくる、人を理解し問題解決や目的達成を実現する「専用性」という発想が重要になる。問題解決や目的達成、それに関する状況を理解することがデザインという行為、思考の前提にあることは、多くのデザイン書でも指南されている。たとえば、図2はデザインをする前の整理としてグラフィックデザインの解説書『なるほどデザイン』(筒井美希著、エムディエヌコーポレーション、2015年)が掲載しているものである。このように、「どんな人」という、利用する人の観察と分析を行い、目的を設定し、グラフィックデザインという手法・技法で目的を実現、達成する。

この本が扱うのはグラフィックデザインであるため、「どんな人」という部分の粒度は比較的粗い。しかし、これは現状多くのグラフィックデザインが大量生産を前提にするためである。大量生産の制約がなく、かつ制作コストさえ許せば、その粒度を細かくすることでより適切な問題解決や目的達成につなぐことができる。

文章という素材で考えてみよう。たとえば、日本国憲法を小学生にわかりやすく説明しようとするなら、小学生に伝わるように表現を変えたいということになる。文章の言い回しだけでなく、フォントや色などで強調するなど、伝えたい相手=小学生についてよく考えながら調整するだろう。これはつまり、小学生専用

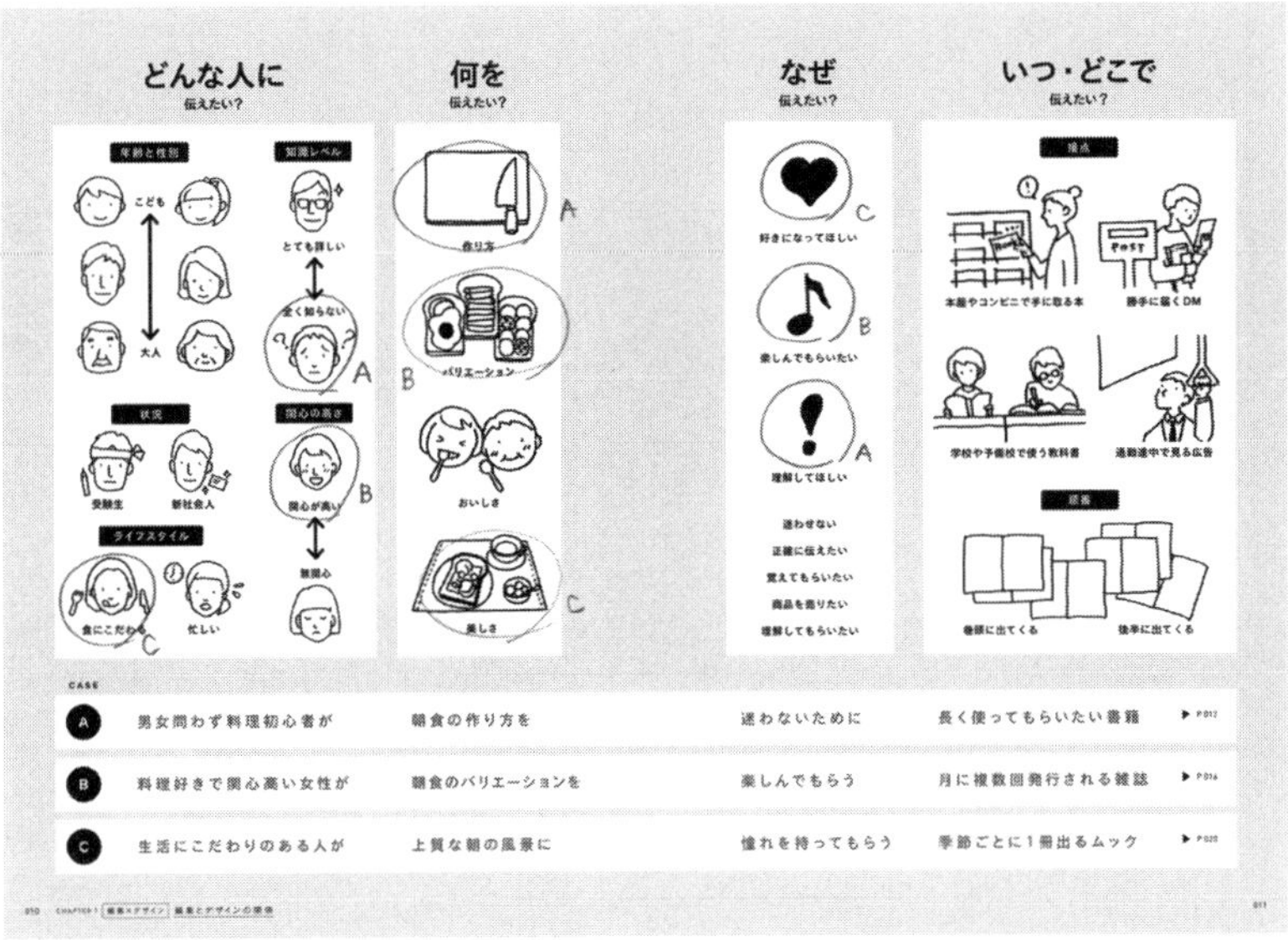

図２　『なるほどデザイン』では編集意図によって変わる表現を3パターン紹介している（筒井美希著『なるほどデザイン』（エムディエヌコーポレーション、2015 年）より引用）

に「仕立てる」行為である。一方、憲法学者が憲法についての文章を書く際には、誰が読んでも誤解なく適切に理解できるように、文法構造、論理的破綻がないことを中心に設計する。読み手中心には設計しない。ロジック的に強く、さまざまな疑問や問題に対して汎用的に耐えられる構造を目指す。

たとえば、生成AIで憲法13条を小学生、中学生、高校生向けにわかりやすいように表現してもらうと次の図3のようになる。

高校生向けではほぼ条文そのものが提示される回答となったが、既知の知識、すなわち前提をポイントに文章が設計されている。これもデザイン行為である。

さらに小学生、中学生、高校生向けにこの憲法をPRするためのポスターを生成AIで作成してみよう。「個人の尊重」という抽象的なテーマで生成しているために表現の難しさもあるが、次のようなポスターが生成された（図4）。右から、小学生、中学生、高校生向けとなる。高校生向けの場合は、もはや問いかけるような、自分たちで考えて議論してみようというような雰囲気をつくり出している。一定の偏った見方はあるかもしれないが、どの対象であっても登場する人物の髪色が多様であるのも興味深い。

デザインというと色や形状についてのみを意識しがちだが、受け取る人を明確にして、それに向けて調整する行為がデザインである。作家性の高いデザインがあるのも事実であり、それが目立つことも多いが、むしろそれは特殊なケースで、受け手、利用者の便益を理解し、そこからデザインすることのほうがむしろ仕事としては多いといえるだろう。

（原文）第十三条

すべて国民は、個人として尊重される。生命、自由及び幸福追求に対する国民の権利については、公共の福祉に反しない限り、立法その他の国政の上で、最大の尊重を必要とする。

	フレーズ	説明
小学生向け	・みんなが大事！日本国憲法第13条 ・みんなの自由と幸せを守るよ！	一人ひとりが大切だよ！みんなの命や自由、幸せを守るためにこの法律があるんだ。
中学生向け	・個人の尊重と自由を守ろう！ ・幸せを追求する権利はみんなのもの！	日本国憲法第13条では、すべての人が個人として尊重され、命や自由、幸福を追求する権利が守られています。みんなの権利を大切にしましょう。
高校生向け	・日本国憲法第13条：個人の尊重と幸福追求の権利 ・公共の福祉を守りつつ、最大限に尊重される権利	日本国憲法第13条は、全ての国民が個人として尊重され、生命や自由、幸福追求の権利が公共の福祉に反しない限り、立法や国政の上で最大限に尊重されることを求めています。これは私たちの基本的人権を守る重要な規定です。

図3　生成AIで作成した憲法13条を説明する文章（小学生、中学生、高校生向け）

図４　生成 AI で作成した憲法を PR するためのポスター（右：小学生向け、真ん中：中学生向け、左：高校生向け）

科学技術的な思考は汎用性を求める

一方、科学技術的な思考の背後には、汎用性、一般性を高めたいという欲求がある。まず「汎用」の意味は、辞書的には「広くいろいろな方面に用いること」である。

自動車の部品は汎用的につくり、さまざまな車種にいつまでも使いたい。プログラミングの関数やクラスもまた、なるべくなら、いろいろな場面で再利用できるように汎用化したい。繰り返し使える部品やプログラムはコスト削減や安定性につながり、生産効率に貢献する。その探求と洗練に切磋琢磨するのが科学であり、工学である。仕組み、原理がわかると、それが複数の応用につながる。たとえば地球でも火星でも共通していること、原理がわかれば、火星に移住できるかもしれない。原理とは、広くいろいろなことに応用可能なものであり、汎用性が高い。

木や石、鉄は、建物をつくるためにちょうどいい汎用性を持ち、使い方次第で万能性が高い。だから、今日に至るまで人類はこれらの素材を使い続けている。また、プラスチックは形状の生成が容易で比較的長持ちすることから、木や石や鉄に代わる素材として日用品に多用されている。

このように、私たちは「広く使えるものごと」に価値があると考えているところがある。汎用的なことを見つけることは大事である。いわゆる多機能ということも、究極的に多機能を極めるならばあらゆる問題や目的に対応できるということから、発想としては汎用と似たところがある。

汎用性のほうがよいのではないか

この専用性と汎用性、比較すると汎用性は素晴らしいじゃないかと思うかもしれない。しかし、必ずしも汎用の状態がベストとは限らない。

先ほどデザインの例でも取り上げたが、憲法は誤解を生まないよう論理的に齟齬のない記述がされる。文章としてはよくできているが、相応の理解力が要求される。また、全部知りたいわけではなく、自分が今それを参照しようとした文脈において必要な部分だけ知りたいということもある。あるいは、自分にわかるように説明してほしいというニーズもある。「そこに正確に書かれているから読めばいい」といわれて顔をしかめてしまうこともあるはずだ。読み手の状況に合わせて、例も含めて提示されることに嬉しさを感じる人も多いだろう。学校の授業でも、教科書があるにもかかわらず、関係する参考書が無数にある事実は、まさに読み手の多様さを表しているといえるだろう。

木材も汎用性は高いが、多くの人は机や収納棚といった専用的な状態を望む。そのまま木材を渡されても多くの人は困るわけである。だから家具メーカーは成り立つ。

パソコンにおいても同じである。プログラミングでどんなソフトウェアでも作れる環境を持っていても、毎回プログラミングして自分の目的に合うソフトウェアを作成し、その上で会議のプレゼン資料をつくる人はいない。

繰り返し求められる課題解決や目の前の目的達成を効率よく処理したい使い手にとって、汎用的な状態は決して都合がいいばかりではない。その問題解決と目的達成にちょうどよい専用的な状態が仕立てられていることが望ましい。

つまり、汎用性がよいという価値はどこにあるかというと、加工主、開発者、つくり手にとっての都合のよさである。つくり手は問題解決、目的達成のために道具や装置、方法を考えるが、それを実現するための方法はできるだけ単純であるほうがよい。部品、素材の調達、実現方法は都度同じであるほうがよい。いずれもつくり手のスキルに関係してくるためである。その都度、素材や方法が異なってしまうと使えるスキルが安定しなくなり、設計や製作に時間がかかり、結果、作られたものの品質が安定しにくい。

また、開発者のような専門の業種でなくとも汎用性に価値を感じることがある。料理やＤＩＹ、家の中の収納の工夫など、日常生活において私たちはまれにつくり手側の意識と態度となることがある。その場合、何か専用的なことよりも汎用性に利便性を感じることがある。その場や状況の目的に合わせて使いこなすスキルや知識があれば、であるが。たとえば包丁はピーラーに比べて汎用性が高い道具で利用者に一定のスキルを要求するが、数十時間の練習と学習を行えば比較的誰でも利用できる。

このように、汎用性というのは一見魅力的であるが、その価値を発揮することに利用者に経験や活用のスキルを要求するため、誰にとっても魅力的というわけではない。ものづくりをするつくり手にとって汎用性が高いことに価値があり、問題解決や目的達成において利用者が求める価値観と根本的なところで異なる。この汎用性と専用性は、その違いを自覚するためのヒントになる。

では専用性ということでよいのか

人間は学習する存在で、人によって得意・不得意はさまざまであることから、実際のところ、汎用性と専用性の都合のよさはグラデーションとなる。つまり利用者のスキルや目的に応じて、汎用性か専用性のどちらがよいのかが決まるところがある。このあたりは、利用者のスキルの向上とともに徐々に専用的から汎用的へ調整するとよい可能性がある。こうした調整は、ソフトウェアであれば開発者モードやＡＰＩの提供によって併存できるが、物理的な道具では買い替えやオプション拡張などが必要となり、提供の仕方が難しい。その結果、一つの製品にこれでもかと機能を盛り込むかたちになってしまう。

二〇世紀末までの流れは、多機能化によって多用途に利用できる汎用性を目指してきたところがある。しかし、前章で述べたようにそれは複雑化をもたらした。技術主導で機能が増え続ける製品は必ずしも利用者に受け入れられるわけでなく、そうしてかつてのような単機能の道具、機能は少なくとも専用的な道具がよかった、という反省がなされた。ノーマンも情報アプライアンスという考え方を示した。結果的にスマホのアプリも単機能化でその複雑さを回避した。そして、企業が新しい製品のあり方に困る中でデザイン思考が注目された。これにより、人間中心、利用者中心というムーブメントが起こり、多機能や汎用的な思考はネガティブだという認識が生まれていく。そういう意味では、二一世紀初頭前後からこの数十年の流れは、単機能、専用性への流れがあった。

今もそうであるように、デザインにしてもマーケティングにしても、あるいはイノベーションのアイデア出しのフェーズにしても、「汎用的な状態」は、それはアイデアではないとされてしまう。いわば二〇世紀末までのカウンターとして、汎用性の価値は保留とされる時代が続いたところがあるように思う。

しかし、スマホのハードウェアがそうであるように、徹底的な汎用性の上に徹底的な専用性を設計できるという汎用と専用の併存こそが、高機能を提供しつつも複雑化しない人工物や便益の提供方法である。

この数十年「デザイン」というキーワードが注目され、利用者中心の専用性が未来だと掲げられ、汎用性という視点が注目されたり深堀りされることはあまりなかった。ただ、デザイン、専用性という考え方、方法は重要であるものの、こうした専用性を志すデザインは適切な範囲の汎用性の土台の上にある活動であり、専用性だけを考えるとビジネス的にスケールすることが困難となる場合がある。

専用性を提供するデザイン的思考のジレンマ

デザイン的な思考で利用者に寄り添い共感し、利用者と利用者のコンテクスト中心に考えることによって、マスマーケティングでは得られないような個人の不満や喜び、生活の中でのその製品の位置づけなどが見えてくる。一方で、問題がないわけでもない。

家電製品などのハードがコモディティ化し、頭打ちになったメーカーはデザイン思考という方法に期待し、多くのメーカー企業が実践した。しかし、デザイン思考それ自体はよくても、ビジネスの相性という点で課題があった。

それは、デザイン思考が大量生産を前提とするハードウェアにはあまり向いていないことである。

デザイン思考を使って個人とそのコンテクストに寄り添う価値を発見する。しかし、その価値はユニークなものであり、それを他者と共有することはそれほど簡単ではない。したがって、デザイン思考によりある価値を発見し、その価値を大量生産しても、大勢の人々に共感が得られるということにはならない。デザイン思考という方法でよりよき問題発見と優れた問題解決が分析されたとしても、そのサンプル数はn=1である。優れた専用性の高い装置が一つだけできても、それはハードウェアビジネスにとっては都合が悪い。

たとえば、扇風機は体を冷やすものとして販売されているが、ときに酢飯や茹でたトウモロコシの粗熱を取るために使うことがある。このとき、粗熱がどれくらい取れたか逐次触れて確認するのは面倒だ。そういう現場を発見したときに、なるほど扇風機にはそういう用途（価値）があり、その場合にそういう問題を抱えているのかと気づきを得る。では、そのトウモロコシの粗熱を取るためにトウモロコシの温度の変化を計測し、ほどほどに粗熱を取る時間の粗熱取り専用ボタンを扇風機に取り付けたとしよう。

しかし、トウモロコシボタン付きの扇風機を発売し、そこにフォーカスしてプロモーションすると、「何やっているんだ（笑）」「いらないでしょ」と酷評される可能性が高いだろう。そういう使い方をしている人にはよいアイデアだと認識されるかもしれない。逆に、そもそもそういう使い方をしていたのであれば、あえてそれを買わなくてもよいと考えるかもしれない。このさじ加減は難しい。トウモロコシを好んでよく食べる家庭や文化のある地域であれば高い評価を得るかもしれない。

また、こうした気づきをどの程度抽象化していいかも難しい。トウモロコシボタンではなく、たとえば

「8分タイマー」のように、機器の挙動寄りの表現にすれば失笑されることはなくなるかもしれない。しかし、ユーザーに寄り添って、共感によって生み出されたストーリーや価値はまったくそこには現れず、特徴にもならない。となれば、8分タイマーがついている意味がなくなってしまう。では、かといって粗熱を取るための専用の送風機を開発することになれば、初期コストも嵩むし大きな需要も見込みにくい。

この扇風機の例はやや極端な話かもしれないが、このように個人に寄り添い、専用性を高めれば高めるほどその個人にとっては都合がいいが、それを大量生産しても、それ以外の人はその価値を理解できない。むしろ逆に、ネガティブな印象を強く与えてしまうことは容易に思い描けるだろう。

昨今、製造システムの高度化によりオンデマンド化、マスカスタマイゼーションが進み、多様な製品のバリエーションを製造できるようになっている。とはいえ、それ以前に企業が多様な価値をどうやって設計に取り入れ、何をカスタマイゼーションのポイントに置くのか、さらにカスタマイゼーションできるということ以外に、個別のコンテキストとニーズを持つユーザーへどう価値を提示するのかは、非常に難しい。マーケティング的発想では最大公約数的に決断を下してもよいが、デザイン思考でそれをやると価値がぼやけてしまう（これを解決する方法は次章で紹介する）。

このように、デザイン思考はジレンマを抱えている。マーケティングには「〇〇手法」「〇〇分析」など比較的明確な方法があるが、デザイン思考はその名のとおり「思考」であり、マインドセットである。これは、マーケティング手法に比べてデザイン思考の中心に、集団ではなく個人を対象にする人間中心設計、ユーザー中心設計の考え方があるゆえである。

デザイン思考とソフトウェア

ハードウェアにおける大量生産に、デザイン思考は究極的には向いてない。一方で、ソフトウェアの設計においてデザイン「的」思考、デザイン思考は向いている。ソフトウェアの開発は、部品の調達や工場の製造ラインなど大量生産を前提にしなくてもよい。何より、ソフトウェアを動かすコンピュータはメタメディアで、汎用性が高い装置である。よってメタメディアであるコンピュータという装置においては、「これは人にとって何であるか、何をするためのものか」の定義こそ重要になる。つまり専用性を高めることが重要な設計活動となる。この定義が、利用者視点から見ると「意味」である。この定義は第1章で述べたように、「一つの目的に特化したアプリ」=「専用性を目指すデザイン的思考と設計」が合致するところである。むしろソフトウェアは、人間中心的に考えずに何を考えるのか、というくらいには人間中心、利用者中心に考える。さらに、ソフトウェアはアップデートできるため、ハードウェアでは難しかった利用者の問題やニーズの変化に対して後から微調整することも可能である。

デザイン・イノベーション・ファーム Takram の田川欣哉氏は次のように述べている。

たとえば、ハードウェアの世界では、使い勝手が悪かろうと製品として美しければいいという作品的プロダクトも多く存在しています。機能性は低くとも、飾っておくだけで嬉しくなるプロダクトは、それだけで価値があります。しかし、デジタルの場合はそうはいきません。いくらコンピュータが高性能でも、ユーザーが使いこなせなければただの箱です。いくらソフトウェアが高機能でも、ユーザーが使ってくれなければ、実装するだけ無駄となってしまいます。だからソフトウェアを対象とするデザインチームは徹底的に使い勝手のよさや価値の伝わりやすさにこだわります。

（田川欣哉『イノベーション・スキルセット〜世界が求めるBTC型人材とその手引き』（大和書房、2019年））

このように、ソフトウェアにおいてはデザイン的思考がより適しており、むしろ必然性がある。そしてコンピュータ、ソフトウェアの場合、どんなに専用的につくっても（ソフトウェアであるので）コンピュータ上で起動／終了が可能で、利用者は容易に入れ替えが可能である。したがって原理的には、専用的にソフトウェアをつくり込み、ターゲットが増えたら都度専用的に設計したソフトウェアを提供することが合理的である。もちろん、都度専用にアレンジするための開発コストの課題はあるが、昨今はノーコードツールや生成ＡＩによるＵＩの生成も実現し始めているため、より対象に合わせた専用性の設計の敷居は下がる可能性がある。

汎用性と専用性の併存と課題

スマホのような汎用性と専用性の併存は、原則的にはよい戦略であった。しかし少し課題も見えつつある。

それはアプリが爆発的に増えることである。単機能化するとそれ自体は使いやすくとも、単機能アプリを探したり切り替えたりすることに煩雑さが生まれる。スマホアプリがそうであるように、よく使うアプリはスマホのスクリーンの1ページ目に置かれ、ダウンロードした新しいアプリは遠いページに置かれることになる。もはや自分がインストールしたすべてのアプリを把握している人は少ないはずだ。またアプリを細かく分けると、企業が新しいサービスを提供しようとすると都度ダウンロードを要求しなくてはならなくなる。場合によってはアプリごとにログイン処理が必要になる。

こうしたことを嫌って、「スーパーアプリ」と呼ばれるさまざまなサービスが集約されたアプリが登場している。たとえばLINEやバーコード決済のアプリなど、インフラ的存在になったアプリはこうしたスーパーアプリ化をする傾向がある。こうすることで、一つのアプリの中からショッピングや決済機能、オークション、旅行予約などさまざまなサービスにアクセス可能になる。アプリの起動/終了もなく、ログイン済みであるため、切り替え自体は比較的スムースである。ただ、そうしたさまざまなサービスは一種のウインドウ的なもの（ウェブブラウザをうまく活用する）で表現されるため、うっかり閉じたりするとまた最初からになるなど、通常のアプリとは少し違う挙動をすることもあるため、煩雑になりやすい。

また、何よりそうしたサービスへのアクセスを提供するために、アプリ内にさまざまなアイコンが並んでしまう。一見、利用者には便利ともいえる部分もあるだろうが、ならばと徐々に提供側も機能を増やしてしまうと、結果的にメニューや画面が複雑化し、どこかで破綻を迎える。スーパーアプリには一長一短があるが、とはいえこれまでの機能の複雑化の歴史を考えると、その二の舞いになりかねない状況である。

単機能アプリの増加に伴い、スマホを提供するアップルやグーグルも、アプリ検索をしやすくするなどの工夫をしているが、この問題はまだ解決できていない。問題解決や目的達成の対象にもよるが、将来は生成ＡＩがコンシェルジュ的に利用者とアプリの間に入り、ユーザーの要求を直接処理するか、適切なアプリを選び提供する、もしくはアプリのようなものを自動生成するというような方法で問題解決を行うようになる可能性がある。そうなると、個別の単機能アプリがあるというより、個別のＵＩを持たないＡＰＩを提供するるだけになる可能性もある。ただ、アプリが消滅し、スマホがすべてＡＩの対話インタフェースになるとは考えにくい。というのも、となればそれは何でもできる汎用装置に戻ってしまうことになる。それでは（工夫できる人ならばいいが）人に価値を提供できなくなってしまう。汎用のままでは、欲望の顕在化や欲望の自己認識がうまくいかないはずだ。ＡＩでの対話では「頼む」というかたちになってしまう。カメラアプリにしてもゲームにしてもＳＮＳにしても、「自分がやる」ことに体験としての価値があるものも多い。そのため、今後「アプリ」という呼び名が残るかはともかく、自分がやることとしての目的達成や問題解決に対する専用性、意味のパッケージングの追求は続くものと考える。

さて、ここまでは汎用性と専用性というキーワードを用いながら、「デザイン」とはどういうことかについて述べてきた。デザインという言葉は多様な分野や対象に関わることから、多義的に使われる。また「デザイン思考」という言葉も二一世紀に入って広く使われ、一体それがどういうことなのか、あるいはデザインではない思考とは何かについて、ちょうどいい抽象度での説明があまりなかった。

汎用性と専用性という言葉を使うことで、デザインという活動が目指す方向性を明確にでき、科学や技術との関係もうまく位置づけられる。また、科学者や技術者のマインドセットの理解も促進できる。

ＨＣＩの研究者たちも論文においては、汎用性と専用性を意識した提案や書き方をすることが多い。たとえばマルチタッチの技術、ジェスチャー入力、触覚技術などを提案し、その方法のよさや汎用性を示すために、具体的なアプリケーション、すなわち問題解決や目的達成の専用性の例を複数提示する。この提案手法に対して、専用的な問題解決や目的達成のストーリーにリアリティがなければ、その技術は何に使われるものかもわからないものとなってしまう。ＨＣＩ研究者たちはこの両立、バランスについてよく考えているところがある。つまり、科学者・技術者的マインド（汎用性）、デザイナー的マインド（専用性）の両方を持ち合わせているといえるだろう。

2-3

ソフトウェアに求められる、より低次元の「実在のデザイン」

ここまでは汎用性と専用性という点からメタメディアのデザインについて考察してきた。さて、メタメディアのデザインでは、もう一つ重要なものがある。それが「実在のデザイン」である。実在とは、「確かにある」という感覚や認識である。実在のデザインは、デジタル、メタメディアであるソフトウェア特有の話である。というのも、物質的にはコンピュータはほぼ単なる箱、スマホは板で、それ自体は人に意味を提供しない。電源が入っていなければ、入っていたとしてもスクリーンやスピーカーで何かを提示しなければ、何が起きているかは理解できない。つまり、物質的要素が人に意味や価値を提供していない。意味は、スクリーンやスピーカーなど、人間が認知可能なインタフェースによってもたらされる。言い換えると、人にとってのコンピュータ体験の実在は、インタフェースやインタラクションによってもたらされている。

だからこそ、私たちはその設計に慎重にならなければならない。物質の場合、たとえば木材は木材の物質としての性質が備わっているように、物質は素材ごとに自然に実在性が備わっているため、その実在性そのものに苦慮する必要はない。しかし、コンピュータの場合は、物質を使ったものづくりとは違って、設計者らが明確な意図を持って設計しなくてはならない。コンピュータの場合は、この実在について慎重に設計しなければ、実在自体が危ぶまれるのである。

先に、メタメディアであるコンピュータという装置においては、「これは人にとって何であるか、何をするためのものか」の定義こそ重要であると述べたが、知覚レベルでも定義が重要となってくる。「知覚レベル」「存在を成り立たせる」「実在させる」というと大げさに聞こえるかもしれないが、私たちが使っているスマホやパソコンの設計は、この実在の質を高めることとの戦いだったところがある。それは画面のピクセルという解像度の改善や、滑らかに残像なく見えるフレームレート、突然シャットダウンしないOSの安定性、アイコン表現の工夫や操作時のインタラクションのなめらかさなど、複合的な要素の改善であった。スマホやパソコンは現代のコンピュータの実在の認識を提供したといえる。特に、前章でも紹介したiPhone

やmacOSをつくるアップルはインタラクション面での実在性について強いこだわりがあった。メタメディアのデザインに必要なのは、こうした人間の知覚・行為の徹底的な分析から構築する、まさに「実在」のデザインである。

また、アップルは二〇二四年に空間コンピュータと呼ぶＨＭＤ（Head Mounted Display）である「Vision Pro」を発売した。このVision Proが発売されると、分解記事などハードウェアの解説記事が出回ったが、注目すべきは実在のデザインである。アップルはVision Proの開発者のために、「空間コンピューティングを構成する基本要素（ウインドウ、ボリューム、スペース）を理解し、それらの要素を使用して魅力的でイマーシブな体験を作成する方法」[※3]を提供している。

このように、「確かにある」ことを保証し、実在という点で安心感や信頼性を得ることではじめて、「役立つ」「面白い」といった話ができる。人のためのソフトウェアづくりの基盤である。

しかし、こうしたソフトウェアでの実在の設計は意外と難しいし、慣れが必要である。物質を使ったものづくりでは言語化せずとも実在の性質が備わっているため、それを利用したり、それ自体を設計することにまで意識が向かない。というか、必要がない。だから訓練されにくいし、しにくい。現象学的、あるいは科学的視点を持って現実をメタ認知する必要がある。

※3　「空間コンピューティングを構成する基本要素（ウインドウ、ボリューム、スペース）を理解し、それらの要素を使用して魅力的でイマーシブな体験を作成する方法」（https://developer.apple.com/jp/visionos/learn/）

たとえばビデオゲームで「水」を扱おうとしたとき、ビデオゲーム上においての「水」を設計しなければならない。私たちはこのときはじめて水の実在性を問うことになる。おそらく単純には、まずグラフィック表現によって水を模倣することになるが、それに加えて水の抵抗感のような質感をインタラクション設計で行うということになる。水とは何かといったとき、物理物性としての水の知識ではなく、人間の知覚体験にとっての水という現象、すなわち水の実在を理解しなければならない。

さらに電子書籍のデザインもよく議論になる。つまり、本は「文字や絵を中心とした知識情報を伝搬する手段」であるが、物質上の本は紙で束ねられ、ページをめくるものである。ソフトウェアで本を表現しようとするとき、どちらを表現するべきなのか。人はウェブブラウザでテキストを読んでいても（知識情報に触れるという体験をしていても）「本を読んでいる」とは思わない。すると、電子書籍として「人間の知覚体験にとっての本」をソフトウェアで実現することになる。

逆に、電子書籍と言われた瞬間に「それは本ではない」と言い出す人もいる。ソフトウェアで設計する際に意味レベルでは本と同じ役割を提供していても、その実在性が曖昧であるため、利用者は知覚レベルでそのことに気づき、その受け入れを拒絶してしまうのだ。

模倣することが実在のデザインというわけではないが、ソフトウェアを日常に融け込ませるためには、物質に負けないよう、こうした実在のデザインを徹底的に研究することが求められる。たとえば前章で紹介した、グラフィックと身体の動きの連動が自分の身体の一部、身体の拡張のように感じられる自己帰属感も実在のデザインへのアプローチである。

デジタルやコンピュータといった汎用性の高いメタメディアを利用して、家電のUIをつくりましょう、車のUIやインタラクションをつくりましょう、ATMや券売機などのキオスク端末のUIをつくりましょうと言ったとき、少なからずこの「実在のデザイン」が入ってくることになる。問題は、その専門がデザイナーなのかエンジニアなのかが整理されていないところにある。そもそもそういった視点があること自体に気づいていないのかもしれない。UIデザイナーは、ソフトウェアの意味レベルのデザインはできても、実在レベルのデザインができるかはわからない。また、「Figma」というデザインツールがあるが、意味レベルのデザインには効果的だが実在レベルはコンポーネント的にすでにお膳立てされており、実在については前提となっているため、実在から設計検証するには向いてない。

こうしたことに注目し、研究活動を積み上げてきたのが、HCIやVRの研究者たちである。彼らは汎用性や専用性の議論の意味的なレベルも研究するが、人間の身体や知覚の原理から実在性を問い、多元的な視点で物事をみている。それは知覚的であり意味的であり、つくることで実現するため工学的でもある。HCIの研究者やVR研究者の一部は、インタフェースがその実在性を左右することから、インタフェースのあり方とそこに展開されるインタラクションに強い関心を持つ。しかし、こうした実在を問いながら設計する領域は、実はあまり明確に整理されていない。本書では、こうした実在のデザイン、もしくは新しい実在に挑戦する領域を「超軽工業」と呼ぶ（これについては第5章で詳しく述べていく）。

第3章

メタメディア性を
あらゆるハードウェアへ
〜UIを外在化するexUI

ここまで、第1章ではインターネットにつながるスマホはメタメディア性を持つ最強の人工物であることを紹介した。スマホは、ハードとしての高い汎用性を活かしつつ専用性の高い複数のアプリをすべて入れ替えることで専用装置の利用体験を実現する。これにより、パソコンでは課題であった複雑さを回避し、汎用性の価値をうまく利用することに成功した。そして前章において、専用装置としての定義を行うためには、利用者の問題や目的を観察分析して設計する、デザインという方法が重要であると述べてきた。

本章では、汎用性と専用性の組み合わせによる問題解決や目的達成を実現するスマホの特徴を、あらゆる人工物に適用する筆者の研究を紹介する。それを支える重要なキーワードは、ＩｏＴ（Internet of Things）である。ＩｏＴは「モノのインターネット」と呼ばれ、スマホやパソコンだけでなく、家電や家具、建築などあらゆるものをインターネットにつなげる構想、考え方であり、すでに物流や工場、農業などあらゆる産業で利用が進んでいる。

たとえば、自動車はインターネットに接続され、通行実績情報や渋滞情報がクラウドに集約されカーナビにフィードバックされる。家電では、スマホと連携して照明のＯＮ・ＯＦＦが可能である。農業や建築では、センサー情報に基づいて空調コントロールや入退出管理が行われる。Suicaなどの電子カードもＩｏＴの一種である。ＩｏＴではセンサーデータをサーバーに集約し、ビッグデータ分析や管理を行うといったイメージが強い。しかし、インターネット接続がメタメディアの性能を高めたように、モノがインターネットにつながることで同様に価値が変わる可能性を与えられる。

本章ではその事例として、筆者の研究室で行っている「exUI（エクスユーアイ）」プロジェクトを紹介する。exUI のアイデアは、仕組み自体は単純である。物理的なＵＩをハードから引き剥がし、スマホなどに外在化する仕組みである。一見、ハードとスマホが連携し、スマホからそのモノをコントロールする家電のように見えるが、このアイデア、exUI が目指すところはあらゆるモノのメタメディア化である。ハードウェアのＵＩを外在化することが、ハードウェアのメタ性を高めるキーアイデアであり、ポイントである。それでは exUI について具体的に紹介していく。

3-1

exUI

多くのハードウェア製品には、操作部分であるＵＩがあり、人々はそれを通じて製品を操作したり、利用したり、インタラクションする。下の写真（図5）を見てほしい。この装置は何に見えるだろうか。そしてどう操作するものだろうか。この装置には操作部分がないように見える。何の装置なのか、形状やメッシュ状の素材から推測はできてもどういう機能を提供するかということはわかりにくい。

図5　何の装置だろうか？

さきほどの写真はあえて操作部分のＵＩを画像加工して消していたもので、そのもとの写真が図６である。
これはあるメーカーの製品で、上部には操作ボタンがある。左から、電源マークが描かれたボタン、受話器が描かれたボタン、「－（マイナス）」が描かれたボタン、「＋（プラス）」が描かれたボタンが並んでいる。プラスとマイナスは音量調整のためのもので、この装置が音量調整機能を持っていることがわかる。一番左のボタンは電源操作用であることが推測される。このＵＩを見るだけで、この装置がスピーカーであり、空気清浄機ではないことが理解できる。

特に注目すべきは受話器のアイコンで、この装置が電話機能を有している可能性が示されている。音量や電源と同じ列にこのボタンが配置されていることから、その使用頻度と重要性が高いと推測される。

このように、ＵＩは単に操作を提供するだけでなく、製品の機能、意味、価値をユーザーに伝える役割を果たしている。ＵＩがなければ、製品の使用方法や関わり方、さらにはその存在意義さえも理解しづらくなる。ノーマンによれば、ＵＩは適切なメンタルモデルを形成する上で決定的な役割を担う。

exUI は、このＵＩをハードウェアから完全に分離することを試みるプロジェクトである。一見すると、製品の意味や価値を削除してしまうように思えるが、これはむしろスマホのようなメタメディアの性質を取り入れるために必要なステップである。ＵＩがハードウェアに固定されていないことで、操作方法や機能、意味、価値が自由に変更可能になる。ＩｏＴ技術を活用してハードウェアの設計を行い、外部デバイス（スマートフォンやスマートグラスなど）でＵＩを動的に再定義することで、製品の操作や価値を自在に操れるようになる。これにより、ハードウェアの新たな形態、つまりメタなハードウェアへと進化するのである。

図 6　正解はキューブ型のスピーカー（アイコンで機能を示す操作ボタンが上部に集約されている）

3Dプリンタ時代の設計からはじまったexUI

exUIは3Dプリンタの研究プロジェクトからはじまった。二〇一三年頃から個人でも入手可能なパーソナル3Dプリンタが登場し始め、個人や大学研究室、企業などでもよく使われるようになった。またArduinoやRaspberry Piなど小型で安価な高性能マイコンボードやコンピュータ基板が普及しており、こうしたコンピュータ基板と3Dプリンタを組み合わせれば、個人でも大量生産で売られているような家電製品が作れるのではないかと期待された。

ただし、3Dプリンタを使うには、まずプリントする対象のモデリングが必要である。そして、その設計はそれなりの慣れや経験が必要だ。研究室でも学生たちが3Dプリンタを使って目覚まし時計のようなものをつくろうとするも、モデリングに不慣れでプリントにも数時間かかることから、試行錯誤のループを速く回すことができずに手を焼いていた。

こうした課題から、どうしたら3Dプリンタがより日常的になるのか、どうしたらあらゆるものづくりの試行錯誤が簡単にできるようになるのか、誰でも簡単に家電のようなものを製造できないかを探索していた。

そうした中で、ある卒業研究のテーマについて議論をしていたときに「そもそも私たちがつくるものは家電なのだろうか?」という疑問が浮上した。私たちは「ものづくり」というとCDプレイヤーやコンポセットなどのオーディオ機器、目覚まし時計、扇風機などの家電のようなものをイメージするが、これから私たちがつくるものは、インターネット利用が可能な環境で、IoTを前提にできるものづくりである。従来的な家電機器、たとえばCDプレイヤーを部品から全てモデリングしてつくることは大変そうである。特に操作部分のボタンの構造などの設計は、耐久性の観点からも難しさがあるし、それを極めていくことの追求にも疑問があった。しかし今後IoTが普通のことになり、家電もすべてインターネットにつながるのであれば、スマホなどの外部にUIを置いてもいいのではないか。そもそも筐体にUIを用意する必要はないのではないか。そうすれば、3Dプリントするモデリングの複雑さを劇的に単純化できるのではないか。exUIの発想は、まずこのモデリングや3Dプリントの複雑さを回避することから始まった。

そして、その発想はすぐにメタメディア的視点へと向かった。モデリングや3Dプリントが複雑になるばかりでなく、ソフトウェアで実現されるUIでは、やり直しやアップデートなどさまざまな工夫にソフトウェアのメリットを活かせるのではないか。たとえばスピーカーに対するUIは、場合によっては音楽プレイヤーにもラジオにもなり得る。UIを変えコンテンツを変えれば、物質は同じでも別の意味になる。当時、すでにスマホから操作する家電はあった。研究室にも、スマホから操作できるエスプレッソマシンや血圧計があった。しかしこれらは、いずれもスマホから「も」操作できるのであり、スマホはあくまでオプションの扱いだった。一部のメーカーにおいてはスマホを中心に操作する家電機器はあったが、あくまでリモート操作という考え方であった。

議論の末に、一見スマホを利用するからリモコンのように思える従来の製品とexUIとの違いを明確に言語化できるようになった。リモコン的発想は主体がハードにあり「スマホから製品を操作する」に留まる発想だが、exUIは「スマホから製品を定義する」ということであった。

研究室ではこのコンセプトから、ボタンのない真っ白なスピーカーや真っ白な自動販売機、exUI化した扇風機の試作を行っていった。

真っ白なスピーカー stone と壺型スピーカー（2017）

筆者らは最初のトライアルとして、スピーカーのexUI設計を試みた。操作インタフェースを持たないことから、「塊」や「石ころ」のような印象と音色（tone）を表す「Stone」という名前を採用した。Stoneは唯一のインタフェースとしてNFCタグのみを備えた白いキューブ状のスピーカーである。Stoneの上部にスマホをタッチすることで、アプリケーションを選択できるように設計されている。このスピーカーは音楽プレイヤーやラジオとしての機能はもちろん、ARを利用して楽器やオルゴールとしても使用できる。筐体は3Dプリンタで造形されており、内部は通常のBluetoothスピーカーである。さらに、アプリケーション次第でメガフォンのような機能も実現可能であり、アプリによってその機能を自由に定義できる。

これがexUIプロジェクトの初期製品となり、UIを外に出す、スマートフォンアプリに移すことで、物理的なものとしての意味や価値を柔軟に変更できる可能性を確認した。

さらに、exUIを適用することで筐体の形状は自由になる。この技術により、筐体はミニマルなキューブ形状を含むあらゆる形状を取り得る。筐体自体はUIを持たないため、そのデザインは機能のための機構部分に影響を及ぼさない限り自由度が非常に高い。筆者らはその例として、壺をスピーカーとして利用する方法も試みた（図7）。この壺にもNFCタグが取り付けられており、スマホでタッチすることでラジオや音楽プレイヤーとして活用できる。このような造形の自由度により、和室でBGMを流したいがスピーカーを設置すると雰囲気が損なわれる場合など、その場のコンテクストに合わせて色や形をアレンジすることが可能となる。そして、操作方法がスマホなどの外部デバイスに依存しているため、プロダクトの形状が操作性に影響を与えることはない。

真っ白な自動販売機

exUIの発想に触発され、研究室の学生たちはUIのない真っ白な自動販売機を授業の課題の一貫として開発した（図8）。一般的に自動販売機といえば複数のボタンやお金の処理システムが必要であるが、UIを外部に移すことで、自動販売機本体は「冷やす」と

図7　壺をスピーカーとして利用する

「自動的に商品を出す」という基本機能のみとすることが可能になる。すべての操作はスマホで行われ、メニューの表示から支払いまでスマホ上で完結する。学生たちが作成したプロトタイプは、冷蔵機能はないものの、選択された飲み物を自動的に出す機能を備えている。内部にはインターネットに接続されたモーターが設置されており、スマホからその動作を制御できる。

この自動販売機の例は、特にＩｏＴ化および exUI 化により物理的な構造と外観の簡略化が可能であることを示す。これをきかっけに、exUI 化するとはどういうことかを考察し、その特徴をまとめた。

1――コストダウン

ＵＩが外在化すると、それに関係する設計工数や部品を削減できる。ハードウェアで実装するＵＩは、一度製造に入り販売を開始してしまうと容易には変更が

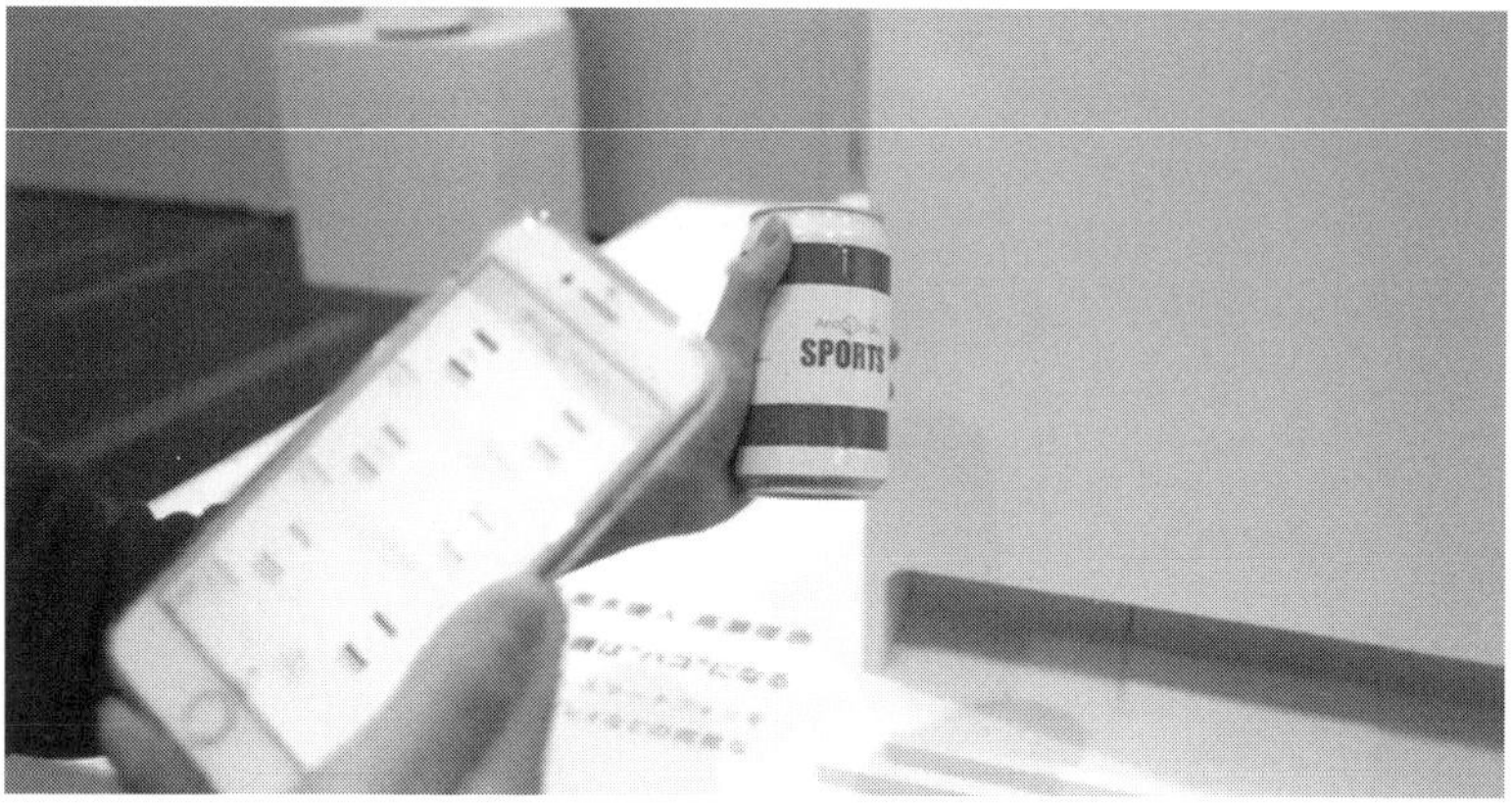

図８　物理インタフェースのない自動販売機「AnoHako」

できない。そのためＵＩの設計には慎重さが求められる。また、ハードでのＵＩに用いる部品は少し特殊だ。人が使う部分であるため、その感触や耐久性なども考慮しなければならない。したがって、これらの部品は比較的高価になりやすい。

exUIにすることで、こうした部品選定や部品開発にかかるプロセスが必要なくなる。ハードウェア全体の部品数が減るメリットもある。

2 ―― スタイリングの自由度

ここまでの事例では、主に真っ白なハードウェアということを特徴として示してきたが、壺をスピーカー化する事例のように、嗜好性のあるスタイルを選択することもできる。真っ白でミニマルを目指すこともできれば、より嗜好性の高いスタイリングの自由を持てる。

ハードウェアにボタンや小型液晶ディスプレイなどのＵＩがあると、機械らしさ、無骨さが出てしまう。また、そのＵＩのためのラベルなども必要になり、インテリアに融け込みにくい。インテリアに馴染ませるためにラベルや操作部分を簡素化したりすることもあるが、今度は使いやすさを損なうこともある。置く場所の景観へ融け込みやすさと操作性はトレードオフの関係にあった。

exUI化はスタイリングの自由度をもたらし、設置場所の自由度も高まる。その結果、利用者の身近に置きやすい存在になり、利用頻度の点から製品価値の向上が見込める。

身近に置きやすい製品として、無印良品の製品があげられる。無印良品の製品は、色や形状はシンプルで和風／洋風のコンテクストを持たない。こうしたあり方によって、比較的どのようなコンテクストの空間でも融け込みやすい。exUIでは、物理的にはこうした中庸的で空間に融け込みやすい性質を持ちつつも、体験的にはソフトウェア上では多様で個人に応じた体験が可能となる。

3――パーソナライズ

exUIはパーソナライズやローカライズがしやすい。たとえば、利用する年齢層によって機能の表現を変えることもできる。小さい子どもが利用する場合は、機能制限を設けることも可能となる。たとえば電子レンジの温め機能にはアクセスできても、オーブン機能にはアクセスできないようにし、飲み物の温めだけを提供するようなことも可能だろうし、親のスマホで子どもの利用を管理するペアレンタルコントロール的なことも導入可能である。

たとえば、ハードウェアで実装されたＵＩはその製品をグローバル対応にしようとすると、ラベルも各国語に書き換える必要がある。すべてアイコンで表現できるのであれば言語は無視できるかもしれないが、実際はそう単純ではない。シールで貼り替えればいいと思うかもしれないが、シールでは品質的にも安っぽさが出てしまう。

exUIであれば、ＵＩがソフトウェアで構成されるため、ラベルは自由に書き換え可能である。また、ス

exUIの特徴

① **コストダウン**

- 設計コストのダウン
- UIに使用する部品数削減

② **スタイリングの自由度**

- 美観の自由度の向上
- 日常への融け込み、身近でアプローチャブルな存在へ
- ARによるスタイリングの外在化（バーチャルスキン）

③ **パーソナライズ**

- ハードウェアの多言語対応によるグローバルプロダクトへ
- 年齢や目的に応じた機能表現
- 情報推薦、ターゲティング広告

④ **ウェブ開発とマーケティング発想**

- ハードウェア機能でもA/Bテスト
- 利用ログのトレース
- 定期アップデート

⑤ **ベータプロセス志向**

- リリース後の変更と最適化
- アジャイル、すばやいイテレーション
- イノベーティブ（失敗の回避修正）

⑥ **メタハードウェア**

- IoTがもたらす価値の入替え
- 汎用性を持ちながら専用機体験

⑦ **プラットフォーム化と多様性エコシステム**

- ハードウェアとサービスの切り分け
- サブスクリプション、課金

図9　exUIの特徴

マホはそもそもOSレベルで多言語に対応しているグローバルな製品であり、さらにはスマホ自体のアクセシビリティ機能も高い。ハードウェアの場合、個別にアクセシビリティ機能を付与することはコスト的に難しいが、exUIではそこを解消できる。

さらにexUI化の大きなメリットの一つは、誰が使っているかがわかることである。たとえばテレビや冷蔵庫、電子レンジは家の中で共有されており、誰にでも使えてしまう。よって誰が使っているかを把握する仕組みを持たない。オフィス用の印刷コピー複合機にRFIDベースのIDカードをかざすことで誰が利用しているかを検出する仕組みがある程度である。exUIは、スマホや、将来的にはスマートグラスなど個人に紐づいた装置を利用する。そのため誰が使ったのかを取得することができる。したがって、ウェブやアプリがこれまでそうしてきたように、利用者の属性に合わせて情報推薦や広告表示を行うことができる。また逆に、二〇二一年にアップルが広告用に個人のトラッキングIDをユーザーの許可ベースにしたことが話題になったが、exUIにおいても当然こうした「誰」という情報を機械側に伝達しないようにも設計できる。

4――ウェブ開発とマーケティング志向

ウェブは、個人がHTMLでコンテンツを作成し、アップロードして楽しむ時代を経て、提供されたウェブサービスを利用するかたちになった。ウェブ上でアカウントをつくり、自分のアカウントで買い物する、情報を発信するといった「Web 2.0」と呼ばれる方法が一般的となった。ウェブ技術の発展により、機能も表現力も増えた。それ以降、企業にとって自社サービスの継続利用者やユーザー数を増やすことが重要となり、ユーザインタフェースやUXの重要性が高まった。そうした中で、利用ログを分析して即座にデザインやコンテンツを変更し、実際に公開しているコンテンツやデザインにバリエーションを持たせ、よし悪しを検証するA/Bテストなどがウェブマーケティング手法として開発され、コンバージョン率やクリック率を高める方法として用いられるようになった。

こうしたウェブ開発やウェブ上でのパフォーマンス向上や評価の方法、マーケティング手法が、今までそうしたことが検討もされてこなかったようなハードウェア製品でも使えるようになる可能性がある。exUIのUI部分の試作は、ウェブ技術を利用したブラウザベースの表現（HTML＋CSS＋JS）である。実際のコンテンツはサーバー上からロードされ、操作はサーバーとのやりとりによって行われる。そのため、必然的に提供者はユーザーが何をクリックしたか、どこのページを見ているかなどのログを把握できる。たとえば家電製品であれば、どのような機能が頻繁に利用されているか、いつ利用されることが多いかなどを統計的に把握できる。こうしたデータに基づいて、新たな機能の提供やすでにある機能の変更・廃止が検討できるようになる。

これまで家電製品の利用調査はインタビューや観察をベースにするしかなかった。exUIは利用ログという観点から製品の利用調査ができる。もちろんデータで利用状況のすべてがわかるわけではないが、インタビューや観察のみでしか利用状況を把握できないことに比べてメリットは多いだろう。

また、製品の使い方のTIPS動画などのコンテンツもUIの中に取り込んでいくことができる。これまで使い方についてはウェブサイトや冊子、書籍などマニュアルや取扱説明書のかたちで、製品とは別に提供されていた。製品自体がウェブ技術ベースであるということは、こうした関係を崩すことになる。製品とマニュアルを直接的に結びつけることでよりよい使い方を学び、SNSなどコミュニティと製品が結びつくことで、より多様な使い方が共有され、家電などハードの価値を最大化しやすくなる。

ウェブ技術に習熟した開発者やデザイナーの知見を取り込むことができることも重要である。スマホアプリやウェブ開発が大きな産業として広がり、開発方法や開発サイクルも速いため、UIに関する知見の蓄積も早い。また利用者も、そうしたスマホアプリやWeb UIへの慣れが広がっているため、こうした開発者やデザイナーの知見を取り入れることは、家電機器だけが特殊な操作感とならないためにも重要である。さらには、操作感や操作概念を社会的な潮流へ合わせることで、認知負荷を下げられる可能性もある。

5――ベータプロセス志向

現在も多くのハードウェア製品は、一度購入すればその製品のパフォーマンスや使い勝手は変わることなく同一である。しかし、IoT機器のようなソフトウェアが中核となるようなハードウェアにおいては、アップデートが常識となっている。PCやスマホ、デジタルカメラ、イヤフォン、スマートスピーカーがそうであるように。

そうして製品には「完成」という概念が薄くなり、「バージョン」というソフトウェアの状態で管理されるようになった。初期はちょっとした不具合を修正する特別な対応という扱いだったが、今日ではパフォーマンスの改善、機能の追加、ハードウェアに備わっているＧＵＩの変更など、広範囲をカバーする。たとえば比較的高価なデジタルカメラではこうしたファームウェア提供は各社が行っており、購入後にパフォーマンスが向上したり新たな機能が追加されたりする。

ときには新製品に買い替えたかのような体験の変化を与えることもある。こうした方法はもはや特別ではなく、むしろ製品の売りの一つにしているところもある。アップデートはメーカーにとっても利用者にとっても比較的ポジティブな方法となっている。さらに企業によっては、製品発売当初からソフトウェアバージョンアップによる機能追加を予告して販売するといった戦略すらある。

こうしたアップデートが前提になると、メーカー側はまず製品を世の中にリリースすることを優先できる。リリース後に、ユーザーの様子を見ながらアップデートで対応する。これは、ニーズがないかもしれない機能を長い時間をかけて検討しリリースが遅れるよりも理にかなった方法である。また利用者としても、新たな機能追加やパフォーマンスが改善されることに悪い気はしない。これにより、完全な製品をつくって販売するよりも、むしろ信頼のできる製品や企業として感じられることが重要になっている。アップルのiPhoneは当初テキストのコピー&ペーストというパソコンでは当然な機能すら持っていなかったが、アップデートによって対応した。しかも、そんな基本機能であるコピー&ペースト機能の搭載をテレビＣＭで紹介した。ウェブで知った情報をメッセージアプリで友達に共有するというストーリーで、コピー&ペースト機能の利便性を紹介したのだ。逆に、はじめから備わっているよりも効果的かもしれない。はじめから整い過ぎて複雑に見えるよりも、アップデートと魅力的な告知によって知らせたほうが、利用者にとって有益なのかもしれない。

iPhoneの場合、ハードも含めて毎年新しいアップデートが宣言されており、開発者とともに利用者も、その発展と成長を共有していくようなスタイルとなっている。こうしたアップデート前提のやり方は、ものづくり自体の発想を柔軟にする。すなわち、つくった機能がイマイチだったらアップデートで消したり、つくり変えたりすればいいという気軽さが生まれる。年に一回、数年に一回程度しか新製品を出せないハードウェアであれば、そこに取り入れる機能は慎重に考えなければならない。本当に使ってもらえるのか。価値があるのか。調査に基づいているとしても、売れるだろうか、意味があるだろうかと検討を重ねて設計される。しかし、あとでアップデートによって変えられる、機能追加できるとなれば、話は少し変わってくる。極端に表現すれば、「失敗がなくなる」わけである。

企業における製品開発はあくまでつくり手の願望によるところが大きく、実際には思ったほど喜ばれなかった、意味がなかったということはよくある。多種多様なユーザーのニーズは極めて不確実なのである。そうした不確実なものを目指して時間をかけて設計することには、無理がある。アップデートが前提のものづくりでは、自分たちが取り入れた機能の評価を見たうえで即座に次の戦略を考え、設計し、利用者に届けることができる。いわば後出しジャンケンができる。

第2章でデザイン思考のジレンマを紹介した。たとえば、トウモロコシの粗熱取りボタンはメーカーにとって黒歴史になりかねない。しかしexUIでは、こうした機能もソフトウェア上で表現されるため、夏のアップデートで提供されたとしたら、ユーザーから見れば「面白い機能がついたぞ⁉」という程度で済むかもしれない。つまりアップデートで変化することが前提であるため、メーカーとしてもユーザーとしてもそれを楽しむような関係へと変わる。こうした一種の遊び心を入れていける状況は、イノベーティブな使い方を生み出すことにつながる。利用者は気軽に受け流しつつも、ときに使い続けたくなるような機能に出会うかもしれない。このように、exUIによってハードウェアを変えずして、体験を変えられるようになる。

当然ながら、ハードウェアに搭載していない物理的なセンサーやモーターなどの機能を追加することはできない。しかし、現代の家電製品が持つ基本的なセンサーやモーターを用いて、それらをプログラムによって制御することで、さまざまな機能を実現できる。たとえば扇風機には、「そよ風」といった1/fゆらぎ機能があるが、これは扇風機の制御をプログラムで工夫して実現しているものだ。新たな物理的な機構で実現されたものではない。しかしユーザーは「そよ風」という名称の機能として認識し、それを体験する。

電子レンジも、オーブン機能も含め、最近では重さセンサーや温度センサーなども加わり、自動処理機能が発展しているが、その基本は電磁波の制御である。多彩なレシピメニューを展開し、あたかも多機能のように見せているが、電磁波を制御する物理的な機構を用いて目的に応じたレシピをプログラムで表現、実現している。たとえば筆者が所有している電子レンジには飲み物温めモードがある。当初は筆者もよく理解しておらず、通常の自動温めモードで飲み物も温めていた。食品なら問題ないが、液体の場合は急激な温度上昇で爆発的に吹きこぼれることがある。この電子レンジを製造するメーカーは、それを防ぐために緩やかな温め方を飲み物専用の温めモードとして用意したのだ。

洗濯機も、今はさまざまなデリケートな服への対応や布団洗いモードなどができる製品が数多く販売されている。洗濯機のパラメータは、基本的にはドラムの回転方向、回転数（速さ）、物理的な構造、水の量、水温だが、デリケートな服への対応、布団洗いなどは、いずれもプログラム、ソフトウェアによる制御で機能を表現している。家電に詳しくない人がそうしたプロモーション広告を見たら、最近の洗濯機はいったいどうやってデリケートな服や布団の洗濯に対応しているのかと感じるだろう。電子レンジのパネルにハンバーグ、餃子、パン、お菓子、などのメニューがたくさん書かれているのを見て、こんなことまでできるのかと不思議に思っている人もいるだろう。しかしこれらの正体は、物理的機構の工夫もあるが、多くはマイコンによるプログラム制御で、物理的な基本機能を使用して「表現したもの」といえる。つまり物理的な機構は単純でも、プログラム制御が入ることによって機能は多彩化するのである。それに名前をつけてボタンをつければ、ユーザーにとって新たな機能となる。

exUI もこれに似たところがある。むしろこれを積極的にやろう、UIの物理的制限を外すことでやりやすくしようとするものである。さらにセンサー類も、汎用化、万能化が進んでおり、特にカメラは画像処理によってあらゆることの判定に利用できるようになりつつある。こうした内部機構の汎用化が進むことと、UIをソフト化することでより多彩な機能表現、価値提供ができる可能性がある。

このように、ハードウェア部品の制約を徐々に少なくしていくことでメタ性が高められ、ソフトウェア次第で機能を組み替えられるようになる。しかし、そもそもこれまでの家電機器もプログラムで多彩な機能を表現してきた。exUI 化は、その方法をより積極的に利用し、多彩な機能をより自在に表現、実現しやすくする方法ともいえる。これは第1章で紹介したスマホの「多機能だが単機能に化けることができる」特徴とも相性がよい。つまり、スマホを介したハードウェアの価値さえも多様な専用装置に変えてしまうことができるのだ。

ただし、ソフトウェアでやればよい、アップデートすればよいとはいっても、ソフトウェア開発の工数が問題になる。また、外注となれば、その発注のイテレーションも課題である。そのため、ソフトウェアを中心にしたものづくりでは、ソフトウェアの設計を外注ではなく内製する必要がある。これまでメーカーはアプリなどの連携を含めて、ユーザー体験に関わるようなソフトウェア開発は外注する傾向が高く、内製ではなかった。exUIのアイデアを実現するためには、後述するプラットフォーム化を含めて、基盤部分を自社でソフト内製していく必要があるだろう。

6――メタハードウェア

これまで専用装置として見做されてきたハードウェア機器が、IoTでexUI化されることで、そこに備わる機構に新たな体験価値を提供できるようになる。他の事例も考えてみよう。

たとえば、現在の飲料の自動販売機がネットにつながるとしよう。exUIでその自動販売機を外部から定義すると、たとえばその飲料の自動販売機をATMにすることができる。つまり自動販売機は「お金を認識し」「カウントし」「少なからず現金を保管し」ている。このやりとりの情報を銀行と結びつけることによって、自動販売機をATMにすることができる。どうしても現金が欲しいが近くにATMがない場合、たとえば自動販売機へアクセスし五千円を引き出すとする。ネットを通じて「現金の引き出し」情報が銀行と飲料メーカーへ行き、あとは銀行と飲料メーカーがやりとりをするという仕組みだ。実は、自動販売機ではないものの、二〇一九年に東急電鉄が駅の券売機で銀行預貯金を引き出せる「キャッシュアウト・サービス」を実現している。これはアプリで引き出したい金額を設定して、発行したQRコードを券売機に読み込ませるとお金を引き出せる仕組みである。

このように、すでに備わっている機能・機構と、インターネットを介した情報の管理を組み合わせて、アイデア次第ではさまざまな新しいサービスや体験価値を提供できる。自動販売機ということでアイデアを考えるならば、たとえば学園祭や企業組織内のイベントにおいて自動販売機をexUIでスロットマシンにし、同じ柄が揃ったら無料で飲み物がもらえるといったエンタテインメント化も比較的容易にできるはずだ。その他、災害時にも、exUIで個人を認識した上で無料で飲み物を取り出せるというような災害対応なども考えられるだろう。

こうしたアイデアのポイントは、「すでに備わっている機能、機構を見直し、それらの新たな意味や役割を探索し、そこにUIやUXをデザインして定義を与える」ことである。IoTはこれまでどちらかといえばセンシングが目的で、データを集めて意味や価値を解析する方法としてビジネスにおいて注目されてきたが、exUIにおけるIoTは、製品内部にある部品をそれぞれ個別にアクセス可能にし、再構成できる方法というわけである。UIを製品から分離することで、ハードウェアが汎用的な部品とみなせるのである。

7――プラットフォーム化と多様性エコシステム

exUIでは、スマホ上にUIがあり、アプリケーションが展開できるため、機器ごとに組み込む場合と比べて開発しやすい。そして、スマホと同じように個人の開発者が参入し、各ハードウェアのexUI、アプリケーションを開発できる。これにより、洗濯機であれば、たとえばユニクロがアプリを提供し、ヒートテックのための洗濯コースやフリースをふわふわに仕上げるコースを提供することなどが考えられる。また寒冷地とそうでない場所では洗濯の仕上がり方が異なることがある。こうしたときに、たとえば北海道在住のAさんが北海道のための洗濯コースを開発し自分で使っていたところ、友人にも広がり、最終的には地域全体に広がるというようなことも想像できる。

さらにはexUI上で課金するといったこともできる。これまでハード自体をレンタルするサブスクリプションはあったが、ある機能をサブスクリプションにするところまではいかなかった。つまりexUI化することで、新しいビジネスモデルを形成しやすくなる。ハードを大量につくり売ることで利益を得るモデルだけでなく、ハードウェアの価値を多様化・洗練化することで利益を生むことが可能になる。さらに個人の開発者が参入すれば、より多様なアプリケーションを生み出すことになる。こうした個人の開発者が参入できるプラットフォームは、製品と多様なユーザーニーズの関係において優れたエコシステムを実現する（これについては第4章で詳しく説明する）。

さて、ここからは具体的な試作を紹介していこう。

3-2

metaBox

研究室では、オーディオプレイヤー、自動販売機、扇風機などexUIのプロジェクト事例を研究してきた。そうしてある程度exUIの知見が蓄積したところで行ったexUIプロジェクトがmetaBoxである（図10）。metaBoxの仕組みは単純である。インターネットを通じて鍵の解錠や施錠ができる透明な扉がついた箱である。箱には小さな画面にＱＲコードが表示されている。ハードウェアはそれだけである。スマホでそのＱＲコードを読み込むことでＵＩが表示される。

metaBoxでは、比較的単純な箱というハードウェア（物質）に対して、exUI側でどのようなアプリケーションを構成できるかを検証した。試作したのは次のアプリケーションである（実際にいくつかのアプリケーションは研究室で運用も試している）。

物の貸し借り、管理

特定の人に物を渡したいときや誰かに物を貸す際に、metaBox内に貸したいものを入れ、metaBoxユー

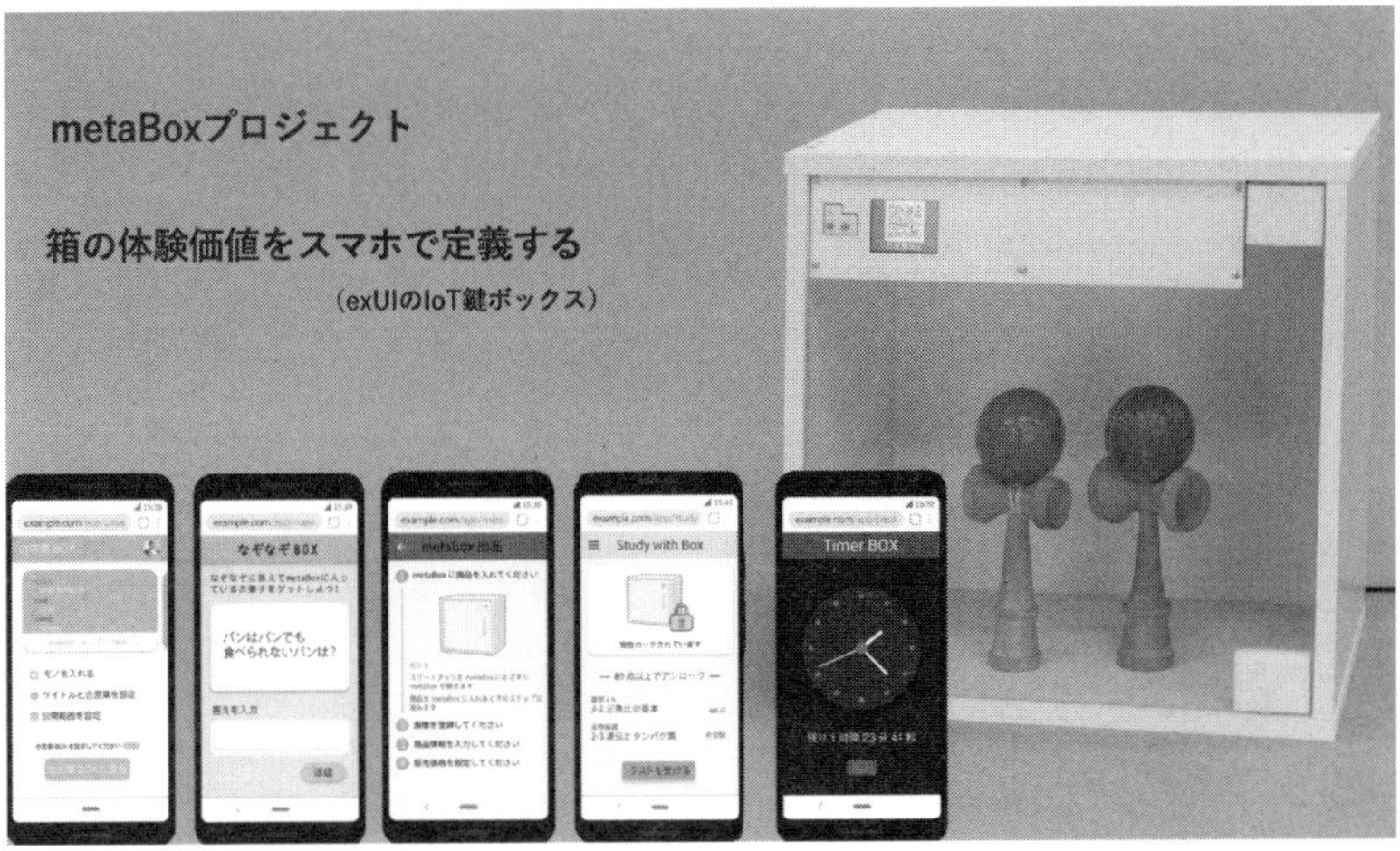

図 10　metaBox プロジェクト

ザーの特定の人物やグループのみが開けられるようにする。これにより、物の貸し出し管理ができるようになる。通常の箱では、鍵をかければアクセス制限をすることはできるが、鍵の共有を物理的に行う必要がある。一方metaBoxは、アプリによって「誰が誰に」という制限をかけられる。箱には鍵しかないものの、exUI上でSNS的なサービスの仕組みを導入できるため、ウェブのサービスと同じようにメンバーのみがアクセスでき、ゲストアカウントで一時的にアクセスできる、時限つきでアクセスできるといったネット的な認証、アクセス制限の考え方がハードウェアにも適用できる。

フリーマーケット売買

売りたい物を入れ、欲しい人がお金を支払うことで扉が開く。研究室でもこのシステムを運用しており、カップ麺や漫画、パンなどが売買されていた。わざわざ昼食やおやつをコンビニで購入せず、ここで手に入れる人もいた。興味深い事例としては、漫画を購入した人が読み終えた後に再びmetaBoxに入れて販売していたことが挙げられる。つまり、販売されている商品は同じであるが、販売主が変わる。ただし自分が読んだ分だけ価格を下げて販売していた。他にも、自分の時間をチケット化してmetaBoxに入れて販売する者や、就職活動で使ったエントリーシートを売る者もいた。通常では金銭的なやりとりが難しいものや、どのように依頼すればよいかわからないことをスムーズに取引できるようにしていると言える。タイムチケットは売れなかったが、エントリーシートは売れていた。metaBoxの課金はデジタル通貨で行われ、運用者は決済手数料から収益を得る。

禁欲

ネットで一時的に話題になった商品に、「タイマーボックス」がある。期日になるまで開けられないという、タイマー付きのボックスである。アマゾンでも売られているが、商品紹介やレビューを見ると、お酒やタバコ、お菓子、ゲーム機、スマホなどを入れ、飲みすぎ、食べすぎ、ゲームのしすぎなどを防ぐ、禁欲のために利用するものであることがわかる。値段は六、七千円と比較的高めであるが、レビュー数が三千を越えており、国内外で人気のようである。metaBoxではこのタイマーボックスもアプリで簡単に実現できる。

課題紐づけ、目標達成

課題や目標達成と紐づけることもできる。たとえば算数のある問題を解いて、英単語の意味を解答して80点以上なら扉が開くなど、さまざまな課題と目標を設定可能である。具体的な利用シーンとしては、親が子どもにiPadで算数のドリルをさせ、特定の点数以上を取得するか、特定の問題を解くことで扉が開くように条件を設定できる。口約束ではなく明確な条件やゴールが設定され、ある種のゲーム感覚を生み出せる。metaBoxのシステムは、いわゆるパスワード設定と同様のメカニズムであるが、exUI化により算数の問題やデジタル血圧計を組み合わせ、血圧が100 mmHg以下であったり、Apple Watchと組み合わせて一万歩以上歩いた場合に扉が開くなど、さまざまな条件を設定可能である。

以上、示してきたように、metaBoxにおいて、鍵は単なる条件に過ぎず、自由なUＩやアプリを通じてその価値や意味のバリエーションが広がることがわかるだろう。

UＩの多様性の担保と設計コスト

その後、metaBoxをさらに抽象化し、鍵のみとしたIｏT南京錠、metaLockを開発した。しかし、このプロジェクトを進める中で新たに浮上した課題はUＩの設計である。exUIの外在化は、多様なアプリケーションやUＩで装置を定義することがポイントとなる。そのためには、UＩやアプリの開発や設計が行いやすいことが重要である。UＩの設計にコストがかかるのでは、結局ハードでの設計と同じとなってしまう。exUIのコンセプトを実現するためには、UＩ設計やアプリの設計の柔軟性を担保する必要がある。

そこで筆者らはFigmaに注目した。Figmaはスクリーンベースのアプリケーションのためのプロトタイピングツールであり、複数人で共同で編集できる。UＩはコンポーネント化されており、ドラッグ&ドロップでボタンやメニューが配置できる。また、アイコンなども多様なライブラリが用意されており、目的のU

Iをすばやく制作できる。PowerPointやKeynoteなどのスライド作成ツールと似ていてページに分かれており、画面切り替え時のトランジションなども簡単に設定できる。データベース連携はできないものの、まるで本物のアプリのようなプロトタイプがすばやくつくれる。本物と限りなく近いものでユーザーテストを行うことにより、ユーザーが戸惑う点、スムーズに進む点などのリアルなリアクションを具体的に取得できる。つまり本番サービスの開発前に、少なくともそのプロトタイプによって得られる範囲の問題を解消できるため、バックエンドにしても最終的なＵＩ開発にしてもピンポイントで低コストに開発できる。これにより、ユーザーにとってのサービス、体験価値について、「コーディングして実際にアプリやサービスをエンジニアやデザイナーたちとつくってみなくちゃわからない」が早期に解消でき、場合によっては膨大な開発費の削減となる。

スパイラルモデルやアジャイル開発、スプリントなど、短期間で高速にイテレーションを回す手法の重要性は指摘されていたが、それに見合うツールがあまりなく、運用でカバーするしかなかった。Figmaはプロトタイピングからユーザーテストまですばやいサイクルで行える。またFigmaでは、そのままHTMLへの書き出しなども対応が始まっており、単純にプロトタイピングで終わるわけではないことも注目したいところである。

そんなFigmaをexUIのＵＩ部分の制作環境として導入した。ただしFigmaはスクリーンベースのプロトタイプ制作に最適化されており、他のデバイスとの連携、ＩoＴのプロトタイピングは前提となっていない。連携してなくとも、「連携していることにする」という方法でごまかすことはできるが、ユーザーテスト、ユーザー体験を精度よく検証するためには、「まるで本当に動いているかのように錯覚させる」ということは重要なはずだ。

さらに、ＩｏＴ開発は個人での試作も多いが、ハードウェアに関する知識が必要となりＵＩまで手が回らないことも多い。もちろんHTMLでＵＩをつくることも可能だが、つくり込みには相応のスキルとコストが要る。そうしたときにノーコードで開発できるFigmaをＩｏＴ開発のＵＩ設計として利用できれば、FigmaのＵＩコンポーネントやアイコンセットを使うことで魅力的なＵＩを比較的短時間で開発できる。exUIではＵＩが重要になるため、ＩｏＴなモノだけができてもほとんど意味がない。その分、exUIではさまざまなＵＩやアプリケーションの検証が必要となるた

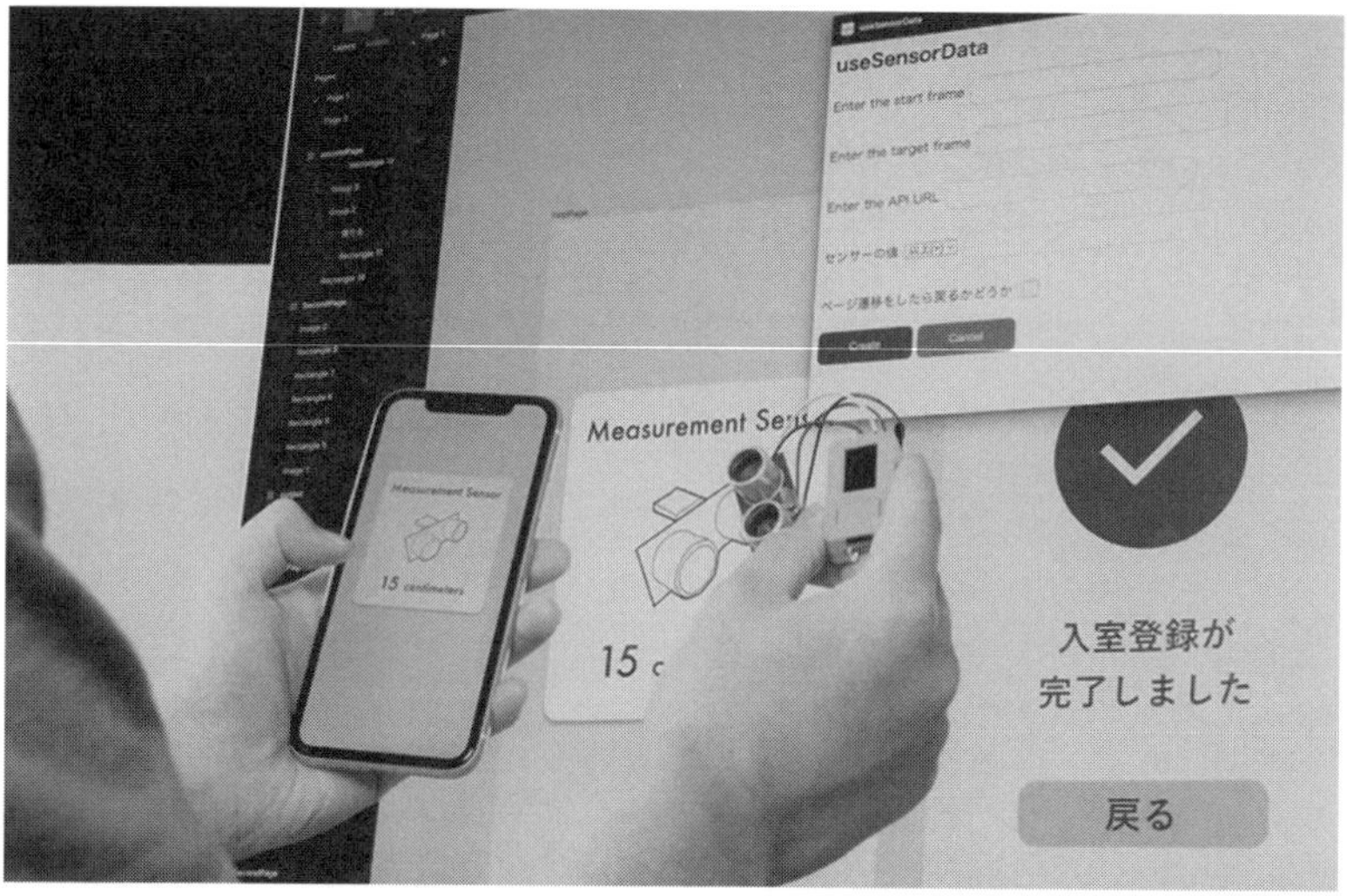

図 11　exUI のアプリケーションデザインとして Figma を導入し、実際にハードウェアの連携も可能にした

め、FigmaでUIが検証できることは合理的である。

そこで筆者らはFigmaとハードを連携するための仕組みを開発した（図11）。FigmaのUI上で、たとえばあるボタンを押して鍵を解錠したり、プログレスバーのアニメーションが終わると鍵を施錠したりといった操作感を確認する。あるいはmetaLockプロジェクトを使って服薬管理や自転車のシェアリングサービスができないかなど、思いついたアイデアを即座にFigma上でアプリサービスとして表現する。このFigma上でのIoT機器制御により、実際に鍵の開け閉めもできるリアリティのある検証を行うことができた。その後、研究室では、さらにハードウェアの状態のセンシングも可能なようにプラグインを開発し、ほぼあらゆるIoTとUIのデモンストレーションを迅速に行えるようになった。PowerPointやKeynoteなどのスライド作成ツールを使う感覚で、IoTのUI設計・開発が可能となった。

3-3

ハードは汎用性を設計し、ソフトは専用性を設計するexUI

exUIで大事なことは、第2章で述べたように、人間中心設計において合理的なデザイン的思考をすることである。つまり、ハードウェアでは汎用的な設計を行い、exUIで多様なユーザーニーズを満たす専用性の設計を行う。これにより、大量生産しなければならないハードと個別性を分けて設計できる。

これまで、ハードウェアにその装置を操作するためのUIが備わることは当然であった。そのため、ハードウェアは必然的に人との関係において専用性を持ってしまった。専用的なUI＋制御プログラム＋ハードで構成することが優れた製品であり、切り離すなどできなかった。しかし、ユーザーにとっての専用性を高めるUIがハードから分離できるようになると、ハードは専用性から自由になれる。UIもまた、ハードから分離できることでハードの制約から自由になれる。

前章で述べたように、ハードは大量生産や環境リソースなどの観点から汎用的な構成を高め、人にとって意味や価値になるような要素を排除して設計する。ハードはハードでしかできない欲求、たとえば生理的な欲求／物質的豊かさを中心に設計する。ハードについては、平均的な思考での設計ということでもよい可能性がある。

ハードウェアに搭載する部品の種類についてもできる限り汎用性の高いものがよい。それを追加することでソフトウェアにできることが増えるかがポイントになる。たとえばディスプレイをハードウェアに搭載するか否かの判断は難しいが、内容の書き換えが可能であるため、プロダクトのメタ性が維持できる。metaBoxでは小型ディスプレイを搭載し、QRコードの表示や現在の状態表示を行った。こうしたハードを構成する部品は、いずれもソフトからハードへのアクセス性を高め、ソフトウェアフレンドリーにすることが重要となる。

exUI側では汎用的な構造に対してソフトウェアでアクセスし、ユーザーの多様な目的達成や問題解決を行う。人々の不確実で個別に異なるニッチな精神的な欲求／心の豊かさは、できる限りソフトウェアで対応する。すなわち、ハードウェアでは実現しにくい詳細な専用性はソフトウェアで設計する。そうすることで、ハードウェアは製造しやすくなり、製造コストやハードウェア構造の最適化が期待できる。

製造業でいうところの一種のモジュール化と似たところがあるが、ハードの構造を最適化するためのモジュール化ではなく、人間の欲求、生理的欲求と精神的欲求の視点でモジュール化を考えることがポイントになる。こうした視点のモジュール化ができるのは、ハードウェアにインターネットがつながるＩｏＴの基盤が整いつつあること、スマホやＰＣのＵＩが著しく発展し使い勝手が向上したこと、特にスマホが多くの個人に所有される生活インフラになりつつあること、これらの条件が整ったからである。仕方なく続けてきたテクノロジー中心の設計から、人間側の欲求の観点から設計を整理できるようになったのである。

exUI はハードウェアの新たな設計手法で、スマホやＰＣの変幻自在性、メタメディア性をハードウェアにも取り込み、ハードウェアのメタメディア化を狙うものである。これにより、ＵＩやインタラクション、ＵＸという観点、さらにはその開発方法、開発しやすさのノウハウ、パワーを、そのまま家電や自動車などのハードにも継承・適用できる。

ハードウェア側にはＵＩは何もなくてよいのか？

ＵＩを外在化してしまうと、ネットワークの障害や何か他の問題が発生したときに、何も操作できなくなる可能性がある。こういう場合に対応するために、最小限のＵＩを残すことは方法として考えられる。日常利用には小さすぎて使いにくくとも操作や状況を確認できるインタフェースを持つことは望ましい可能性がある。あるいはＵＳＢのような端子を取り付け、非常時に直接スマホなどの外部の機器につなぐようなバックアップ操作方法などの用意も考えられる。

アクセス権とＵＩ

metaBox の事例でもみてきたように、ＵＩがあるということは、人がそれにアクセス、利用可能であるということである。たとえばテスラの自動車は、ハードウェア的には同じものが入っていても、課金しなければシートヒーターの機能にアクセスできないようになっている。あるいはソフトウェアアップデートにより、それまでできなかった機能にアクセスできるようになることがある。これはソフトウェアによって実現する機能ということもあれば、単純にＵＩをつくっていないだけということもある。

こうした「アクセス権」という考え方は、人だけではなく、他の機械が他の機械へアクセスすることも含む、コンピュータ利用において非常に重要な考え方である。たとえばＡＩ的な主体が現れたとき、主体の属性をアクセス権の制限に利用することでセキュリティやエラーの回避につなげることができる。exUI は、このアクセスコントロールを実現しやすい。それにより、価値ある使いやすいサービスを実現できる。

メタレストラン――店舗の exUI 化

exUI はモノだけにとどまらない。UIを人と対象の接点として考えると、実世界のあらゆるサービスの接点も外在化できる可能性がある。

コロナの影響もあり、マクドナルドやスターバックスなどではスマホで注文し、店頭で受け取るといったモバイルオーダーサービスが一般化した。これもメニューの選択と会計を外在化している。これにより、レジへ並ぶことを省略できるだけでなく、モバイルオーダーだけの割引を実施することもできる。現状はまだモバイルオーダーと店舗レジで購入できるメニューにはほとんど差はつけられていないが、モバイルオーダー画面はオプションの調整などを自在に行いやすいため、より細かいサービス提供ができる可能性がある。

たとえば、ハンバーガーの「ピクルスなし」くらいならば口頭でのオーダーでも手間は少ないが、さらに「ケチャップ多め」「タマネギ少なめ」などを口頭でオーダーするのは手間である。アレルギー対応は進んでいるが、それでも個々人でその深刻度や要望は異なる。きめ細かく対応するために、口頭でやりとりすることは煩雑である。画面でのオーダーであれば、そうした細かいオーダーオプションが提供しやすい。このようにパラメータ化することでユーザーは選びやすくなるし、提供側も確認がしやすい。さらにキッチンの機械化や自動化が進めば、そうしたオーダーのデータを直接読み込むことができるだろう。人を介さないことで冷たいというようなイメージもあるかもしれないが、一方できめ細かい要望を満たすための方法として、実店舗における接客の外在化が進んでいく可能性がある。

また、Uber Eatsなどの注文とデリバリーサービスがあるが、ここで面白い現象が起きている。「ゴーストレストラン」と呼ばれる業態である。ゴーストレストランは「クラウドレストラン」「バーチャルレストラン」とも呼ばれる。筆者からすれば「メタレストラン」と呼びたい。ゴーストレストランは、客席を持たずキッチンのみで運営する。顧客との接点はUber Eatsなどのデリバリーサービスである。面白いのはその接点の持ち方で、ある一つの専門店として振る舞うということである。つまり、とんかつ店舗、ラーメン店舗、カレー店舗として振る舞うが、実態としては同じキッチンで調理している点である。なんでも屋として振る舞うことができるにもかかわらず、UI上はある一つの専門店としてブランディングができる。専門店という信頼性やわかりやすさから、顧客の体験、UXが高まるわけである。もちろんそれは専門店と称することの詐欺ではないかという議論もあるが、実店舗という接客接点を持たず、画面に接点を持つことにより飲食業がメタになり、自由になる点は興味深い。

このことから考えると、調理機器が汎用的になれば、同じ店舗であっても、UIだけを変えてパラメータを調整することでマクドナルドにもなればロッテリアにもなり、ファーストキッチンやモスバーガーにも化ける可能性が出てくる。いわばスマホとアプリのような関係になり、キッチンは汎用的で、提供するメニューはアプリによって単目的に専門化する。

そして、飲食店以外の物販系でも接点をexUI化すれば、店舗はメタ化する。つまりほぼ倉庫でよいことになる。セブンイレブンかローソンかファミリーマートかはUIで決まり、店舗とされる倉庫ではロボットが自動的に商品を取り出し受け渡してくれるということもできる。実店舗には、人が商品を選ぶための通路や棚の構造がある。その空間で購買意欲を高めるような工夫がなされるが、それをやるならばすべてソフト側、UI側で行うほうが合理的である。動画表現やレビューなどを巧みに使えばよりよく人の欲望を刺激できるはずだ。店舗は倉庫として最適化すれば、収容力は二倍以上に増えるだろう。店舗は倉庫としてメタ店舗になる。

今はこうしたことはなかなかイメージしにくいかもしれない。しかし実際のところ、すでにヨドバシカメラではネットでオーダーして店舗の専用窓口で受け取れるようになっている。検索性は当然として、スマホの表現力の向上により、むしろ店舗で探すよりも効率よく欲しい商品を選ぶことができ、総合的な体験は向上している。ウィンドウショッピングが楽しいとか、ぶらぶら商品を眺めるのが楽しいという意見もあるだろうが、もはやそれに代わることをスマホやPC上で私たちはしている。商品の情報を3DモデルでAR表示するなどは一部のECサイトでも一般的になっており、画面上での商品の見せ方は今後もより発展するのは間違いない。

＊

本章では、メタメディア性をハードウェアにもたせる人工化手法としてexUIについて紹介した。exUIはスマホを使うため、一見これまでIoT家電として販売されてきた製品やサービスと似た印象があるかもしれない。しかし、そうしたメーカーが販売するのはスマホをリモコンとするものが大半である。exUIは、構成こそ似たところはあるが、考え方は大きく異なる。家電などの機器自体を定義するところにexUIの本質がある。スマホは外在化の一つの方法に過ぎない。スマートグラスや何か他のハードウェアでもよい。大事なことは、UIを分けることによりハードウェアの定義、すなわち価値が、自由にできることである。

ハードウェアは一度製造してしまうとその専用装置のままであった。しかもそれは比較的平均的な専用装置で、自分の用途や都合に合わせられているかといえばそうではなかった。買ってしまうと「もっとこうだったらいいのに」という欲望や願望は買い換えない限り実現しなかった。しかし、体験や価値、機能が部分的に変えられるようになると、そうした欲望を反映しやすくなる。個々人に向け、より専用的な振る舞いが可能になる。

さて、次章では、こうした汎用性と専用性の「提供方法」について考えていく。exUIのようなあり方を理想としても、それを誰がどのように提供するのか、その視点がなければその理想は動き出しにくい。「プラットフォーマー」と呼ばれる企業組織は、こうした汎用性と専用性の性質を理解し、個人の開発者を巻き込みながら価値を提供している。この仕組みを理解しながら、メタメディア、汎用性、専用性、デジタルでものをつくることについて考えていこう。

第４章

メタメディアと多様性のためのエコシステム

本章はプラットフォーム論である。「プラットフォーム」と言ったときそれが指し示すものは、いくつかある。たとえばOSもアプリケーションを動かすためのプラットフォームと呼ばれる。最近ではアップルやマイクロソフト、グーグル、LINEなどもプラットフォーム、プラットフォーマーと呼ばれる。後者のプラットフォーム論という場合、マネタイズやビジネス的な仕組みが中心になるように感じられるかもしれない。それに、ここまでの章で紹介してきたソフトウェアの開発や設計、メタメディアの特徴の理解、そしてそれをベースにした新しいハードウェアのあり方としてのexUIの議論とは少し毛色が違うように感じるかもしれない。

しかし、デジタルやメタメディアの性質を考えると、プラットフォーマー的な振る舞いやエコシステムは相性がよい。というのは、メタメディアは汎用性が高く、その価値の入れ替えによってメタ性を引き出しているからだ。

現在アプリストアに多種多様なアプリが並ぶのは、勝手に生まれるわけではなく、誰かが何らかのモチベーションをもって制作しているからであり、本章で特に注目したいのは、開発者の存在と、そこでのモチベーションが生まれる仕組みである。メタメディアの汎用性を専用性に仕立てる役割をしているのが開発者であり、開発者の高いモチベーションがあるからこそプラットフォームのエコシステムがうまく働くともいえる。

本章では、プラットフォーマー企業などの活動のこの数十年を振り返りつつ、エコシステムの観点から多様なソフトウェアを生み出す仕組み、ヒントを考えていく。

4-1

メタメディアを支えるプラットフォーマー

アップル、アマゾン、グーグル、マイクロソフト、日本ではLINEやメルカリなどの企業は「プラットフォーマー」と呼ばれる。いずれも共通しているのは、それらの企業のサービスには受動的な利用を行う利用者だけではなく、つくり手、提供者と言われる人がいる点である。アップルやマイクロソフト、グーグルでは、個人や、それらプラットフォーマー企業ではない別の組織のアプリケーションの開発者が参画する。LINEでは、個人のクリエーターが制作したスタンプが販売され利用されている。メルカリは場と仕組みを提供し、売り買いするのは個人同士である。

YouTubeも同様に、個人や組織が制作したコンテンツを多くのユーザーが楽しむ。ユーザー生成コンテンツ（CGM：Consumer Generated Media）とも呼ばれるが、現在はその視点での分析よりも、プラットフォーマーという視点から考えることが有用である。CGMであることより、プラットフォーマーとしてユーザーに何を提供しているかを問うべきだからである。

ここでは、そうした個人の開発者やクリエイターがアプリケーションやコンテンツをつくるエコシステムや環境について考えていく。ビジネスにおいてすでにプラットフォーマーの議論は多数あり、当然だがマネタイズが中心のテーマになっている。アップルのAppStoreでは、有料でソフトウェアを公開するとその手数料として売上の30％をアップルに支払わなければならないことになっている。二〇二〇年には『フォートナイト』というゲームを展開する企業 Epic Games がこの金額が不当であるとアップルを相手に訴訟を起こしている。こうした仕組みや金額設定のよし悪しは昔も今も議論が続いている。

一方、本章ではプラットフォーマーの方法が、根本的にメタメディアの価値を支え、多様性を実現し、精神的豊かな社会を実現するエコシステムを形成していることに注目する。

4-2

PDU構造

まず、プラットフォーマーの構造を整理すると、図12のようにPDU（Platformer、Developer、User）の構造となる。

ピラミッド型になっているが、これは頭数を示すためであり、権威構造を示しているわけではないことに

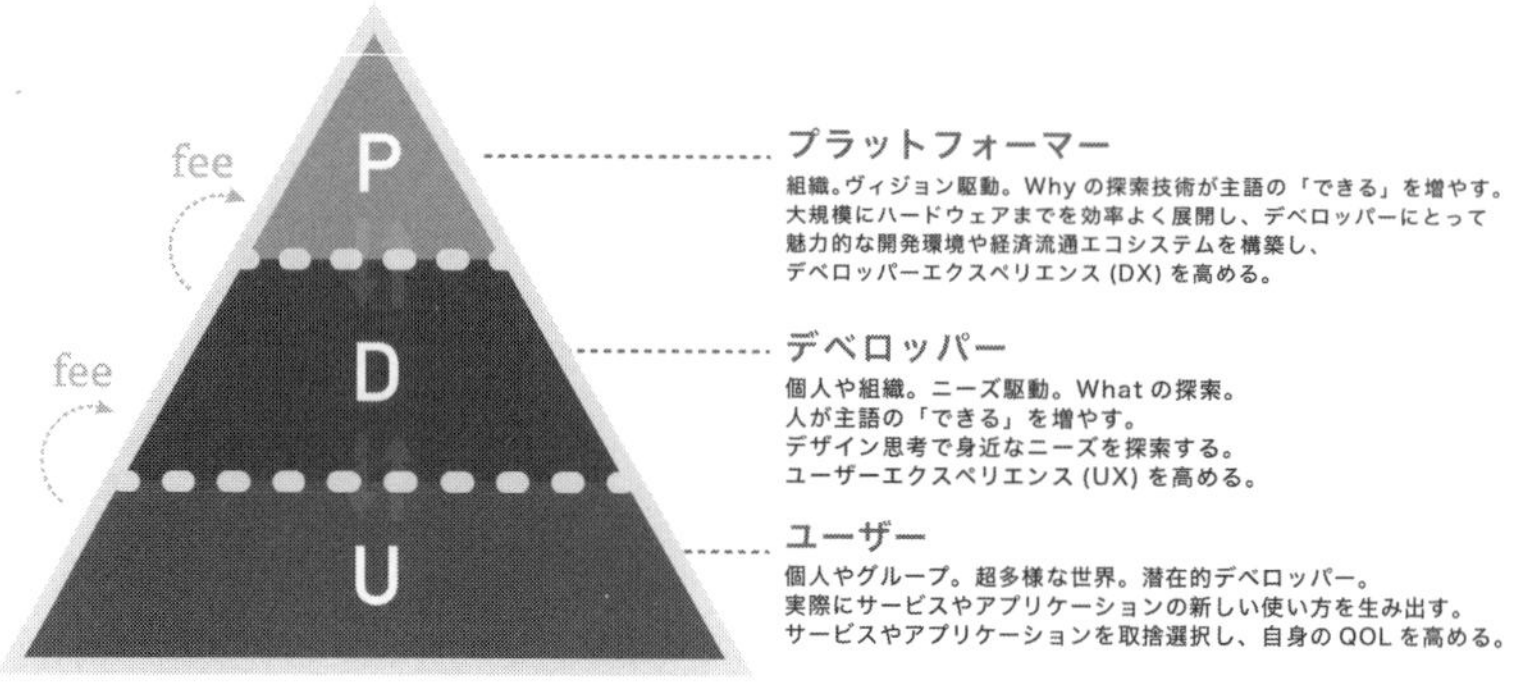
fee
fee
P
D
U
プラットフォーマー
組織。ヴィジョン駆動。Why の探索技術が主語の「できる」を増やす。
大規模にハードウェアまでを効率よく展開し、デベロッパーにとって
魅力的な開発環境や経済流通エコシステムを構築し、
デベロッパーエクスペリエンス (DX) を高める。
デベロッパー
個人や組織。ニーズ駆動。What の探索。
人が主語の「できる」を増やす。
デザイン思考で身近なニーズを探索する。
ユーザーエクスペリエンス (UX) を高める。
ユーザー
個人やグループ。超多様な世界。潜在的デベロッパー。
実際にサービスやアプリケーションの新しい使い方を生み出す。
サービスやアプリケーションを取捨選択し、自身の QOL を高める。

図 12　PDU 構造

注意したい。権威については後に考えていくが、役割と頭数はこのPDUの図で整理できる。

PDUのそれぞれの境界は点線で示している。つまり境界は曖昧なところもある。ユーザーという観点では、D（Developer）はもともとそのプラットフォームにおけるU（User）でもある。またP（Platformer）の中にも専属のDがいる。

まずPDUを考えるときに中核となるのはD（Developer）、つまり開発者、つくり手の存在である。そして、個人の開発者を巻き込んでいる点がこの構造の最も重要な特徴である。

ご存知のとおり、パソコンやスマホのアプリケーションは個人が開発でき、しかもそれを販売し利益を得ることができる。かつて開発環境は高額で、開発への参入には特別に強い動機が必要だった。しかし、昨今の開発環境はほぼ無償になった。また、かつてはOSごとに開発者の囲い込み、開発言語による縛りがあったが、今ではオープンである。しかも多様な開発環境やツール、ドキュメントなどが充実し、ウェブにも開発情報が溢れている。こうして開発への参入の敷居は著しく下がり、誰もがソフトウェアを開発しようと思えば始められるような状況になっている。

このPDU構造は一九九〇年頃からあった。ただしDはソフトウェア開発会社ないし組織が主たるもので、たとえばそれは「パートナー企業」と呼ばれた。個人はいてもごく少数であった。それが今では、たとえば二〇二二年時点で、アップルの開発者登録数は世界で三千六百九十七万四千一五人まで増加している。※4 iPhoneでさまざまなアプリをダウンロードして楽しめるのも、この約三千七百万人の開発者たちがいるおかげである。実働している開発者はこれより少ないことは想像に難くないが、とはいえ数千万人が何らかのモチベーションがあって身近な問題解決や目的達成のためにアプリケーションを作成しようとしているわけである。

プラットフォーマーの企業も純正アプリとしていくつかリリースしているものの、それはごく少数であり、プラットフォーマーが自社でこのような膨大なアプリのアイデアを出していくことには無理がある。

※4 https://www.apple.com/legal/more-resources/docs/2022-App-Store-Transparency-Report.pdf

4-3

プラットフォーマーの役割

重要なことは、この三千七百万人の開発者がいるおかげで、さらに膨大な数のユーザーとそのニーズに対応していける点である。ユーザーのニーズを探索するのはDの開発者たちであり、アップルやグーグルなどのプラットフォーマーはアプリ開発のために、ユーザーのところに行ってユーザーニーズの探索やデザイン思考的な探索をする必要がない。

Dの開発者たちは、ユーザーの問題解決や目的達成のために身近なユーザーを観察し、ソフトウェアを開発する。Dの個人開発者はそもそも当該プラットフォームとアプリのユーザー（U）であることも多い。日常的に利用しているからこそ、自分で開発に入って問題解決を行いたいというモチベーションでDの役回りへシフトするパターンが多い。つまり、そうした彼ら彼女ら個人のDは、もともと身近な環境、文脈に置かれ、その視点を持っており、いわば利用者とともに開発する、インクルーシブなデザインを実現し得る存在である。

たとえば子どもが生まれて、子どもの機嫌をあやすためにスマホのアプリで何かできないか、と問題解決を試みる。こうした身近な問題を実感できるからこそ、どういうアプリが必要であるかはプラットフォーマーよりもよく理解できる。さらに、アプリはストアに登録し販売することもでき、利益を得ることもできる。Dたちは、問題解決をモチベーションに開発することもあれば、利益をモチベーションに開発を始めることもあるだろう。いずれにしてもユーザーとの距離は近いことが特徴である。こうした存在が、三千七百万人全員とは言わないが相当数いるわけである。これは企業からすれば、ソフトウェアの生産ラインを三千七百万個持つようなものである。従来の工業製品では、一企業が数百レベルの生産ラインを持つことはあっても、それとは桁違いで多様な価値を試し生産できることになる。

プラットフォーマーPは、こうしたデベロッパーDをユーザーUとの間に挟むエコシステムPDUを構成すると、不確実性の高いユーザーニーズ探索の大部分を、自社ではなく開発者に任せることができる。ユーザーニーズの探索の不確実性は高く、コストが高い。何が欲しいのかがわかれば誰も苦労はしない。これがわからないからマーケティング部門をつくったり、時間をかけて調査したり、さらには製品ごとに広告をつくったりと、膨大なコストをかける。しかも、だからといってユーザーニーズにフィットするとは限らない。こうしたユーザーニーズの不確実性から解放されたプラットフォーマーは自社の基盤開発に専念できるようになり、開発や生産にかかる不確実性を扱うコストを削減できる。

このように、ＰＤＵの構造により、プラットフォーマーは不確実性の高いユーザーニーズを探索せずして多様なアプリケーションを生み、自社を「我が社のプラットフォームでは数万のアプリが利用可能である」と表現でき、ダイバーシティマーケットを許容できるようになる。そしてこれが、個別のパーソナルニーズを満たし、精神的な豊かさを実現していく。大量生産時代とは違い、小さくとも多様なニーズに対応することがこれからの価値と希望となる。

4-4

デベロッパーの重要性

ＰＤＵの構造として深く理解すべきは、開発者Ｄの存在である。この存在がプラットフォームの多様性を創る。開発者というと馴染みがない人もいるかもしれないが、問題解決や目的達成のための道具やサービスを創るつくり手、クリエイターである。プラットフォームの中核ともいえる。プラットフォームの中核はプラットフォーマーだと考える人も少なくないが、中核は間違いなくこのＤである（Ｄ中心設計といってもいい）。Ｄを大事するためにＰがあるともいえるくらいＤは大事である。Ｐは創造に対してＤほど直接的ではない。もちろん、Ｐ、Ｄ、Ｕの境界は明確ではないこともあるので、協力関係、相補的関係というほうが正しいかもしれないが、考え方としてはＤ中心に考えるほうがよい。

先に、ＰＤＵの構造を考えると、ＰはＵの不確実なニーズに対応しなくてよいことを述べた。これは素晴らしいじゃないかと思った人もいるかもしれないが、一方でPは、Dのニーズや性質の理解に励まなくてはならないのである。ここは意外と日本ではあまり理解されていない。UIやUXの設計のためにユーザーを調査することに関してはたくさんの書籍が出ているが、「開発者を魅了する」「開発者を調査する」「開発者の体験価値を上げる」という議論はそれほど多くない。アップルが面白いのは、アップルが自社のデバイスを通してあるべきUIやUXを調査し、その上でガイドライン化し開発者に共有していることである。しかも、これは一九七〇年代の Apple II の時代にまで遡る。何をつくるべきかについては開発者に任せているものの、「どうつくるとうまいくのか」について、アップルは徹底的に研究し、その知見をドキュメント化し、開発者に共有している。

その一つが、「ヒューマンインタフェースガイドライン」として発売されていた書籍（図13）である。これにより開発者は学びやすくなり、また開発したアプリケーションはユーザーにも受け入れやすくなる。そして、それは最終的にプラットフォームの利益に返ってくる。開発のリソースというと、SDK（Software Development Kit）やAPIなどのプログラミングのリソースといった対物的で技術的なものをイメージするかもしれないが、プラットフォーマーはユーザー中心に考えるためのノウハウの共有もしている。昨今では、グーグルもこうしたドキュメントを増やしている。

さらにプラットフォーマーに限らず、一貫したブランディングに関するグラフィックからUIデザインの手法や方針をまとめた「デザインシステム」を構築することも増えている。第1章で述べたように、UIは

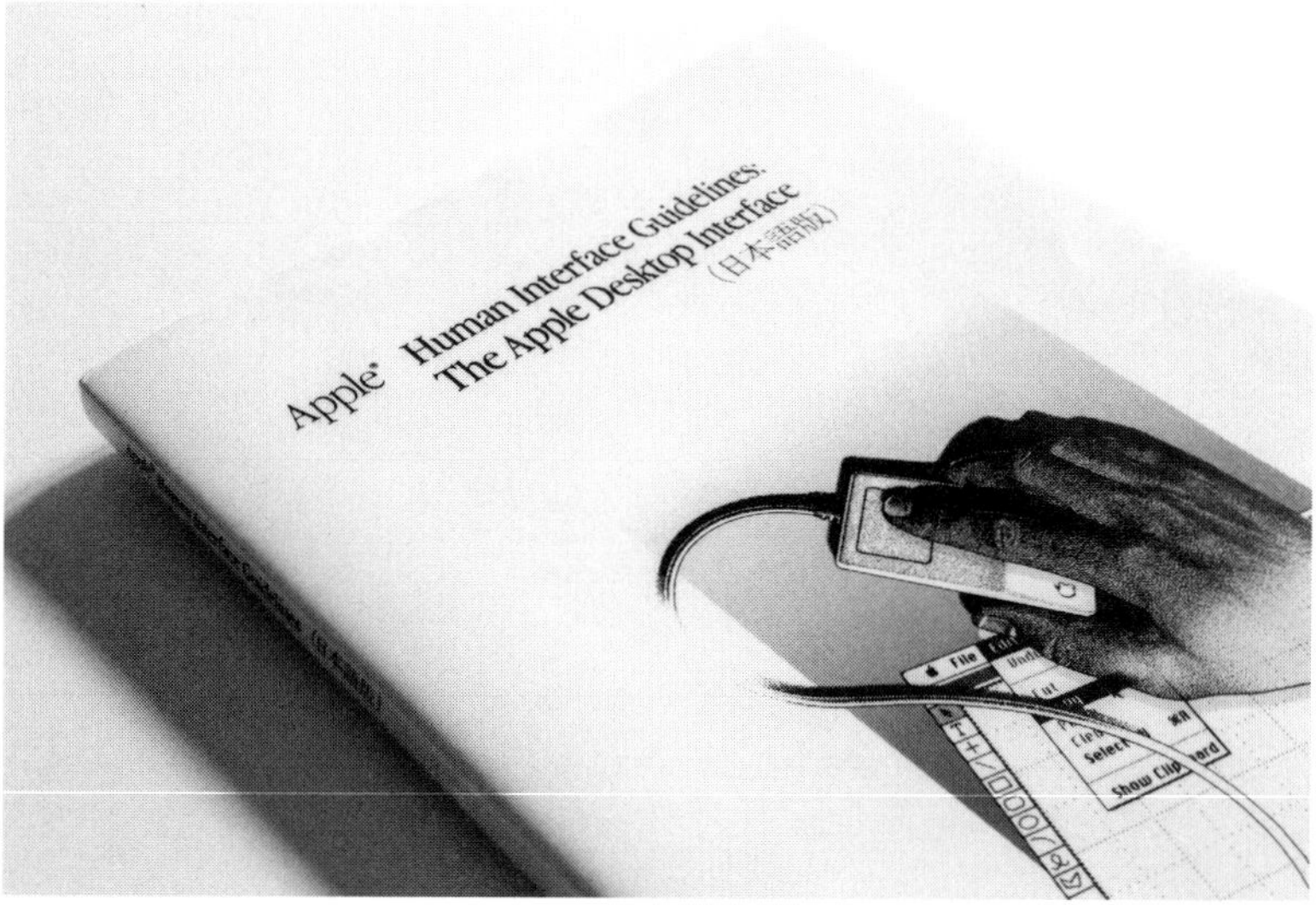

図 13　Apple Computer Inc.『Human interface guidelines: The Apple desktop interface（日本語版）』（新紀元社、2004 年）

ユーザーにとってもビジネスにとっても重要であることから、こうしたリソースや仕組みづくりがよりいっそう重要になっている。

SDKなどの開発環境、デザインシステム、ドキュメントの充実度合い、品質が各プラットフォームで異なっており、開発者はその充実度合いでどのプラットフォームで開発をするかを選ぶ。つまり、プラットフォーマーからすれば、開発者も「ユーザー」であり、顧客であり、彼らにどのような体験を提供できるかが極めて重要となっている。すなわち、ここにも「ユーザー体験」が存在している。しかしこれを利用者と同じようにUXとしてしまうと混乱してしまう。そこで、これは開発者体験、Developer Experience（DX）として議論されている（デジタルトランスフォーメーションもDXとなるために紛らわしい）。

デベロッパーエクスペリエンス（DX）

デベロッパーエクスペリエンス（DX）とは、開発者が開発行為をとりまく一連の活動で生まれる体験である。コンテンツのつくり手ということまで広げて考えてもよい。クリエイターエクスペリエンスと言ってもいいかもしれない。

ウェブが普及し、Web 2.0と呼ばれる頃になると、技術的知識がなくとも情報発信が容易になったため、多くの個人がコンテンツを発信するようになった。掲示板のようなものの書き込みから、絵、音楽、小説、今日のYouTuberのような動画まで、個人による情報発信とその消費が広まった。ソフトウェア開発でも同じように、アーリーアダプターとも呼ばれる内発的動機の強い人々が初期の開発者として、そうした創造と発信を行う。インセンティブが特になくとも、そのプラットフォームが提供しているもの自体に価値を感じる、あるいは自分の持っている（すでに持っていた）リソースやスキルが発揮しやすいことから利用し始める。有名な企業が始めたサービスであることから、過去のサービスの魅力や、将来性への期待から利用する人もいるだろう。たとえばアップルのファンや製品を利用している人、その開発者であれば、アップルのiPhoneに対して、「そこで私も開発をしてみたい」と感じる。さらに、iPhoneの場合はマルチタッチ機能の搭載や大きな画面、カメラ、多くのセンサー類があり、かつさまざまな開発リソースが提供されている。「何かおもしろいことができそうだ」と感じる。また、簡単にアプリをダウンロードできるAppStoreの存在によって、自分のアプリをより多くの人に簡単に使ってもらえることが魅力となる。

そして、より大きな特徴は、そのAppStoreは自身がつくったアプリケーションを有料で販売できる仕組みを備えていることである。個人がソフトを開発し販売するシェアウェアと呼ばれるものはあったが、銀行振込であったりPayPalであったりと購入方法が一貫しておらず、また信頼性の観点でも不安があった。それらがAppStoreによって払拭された。

iPhoneは、前述のようなアップルファンが発売日の前夜から並んでまで買うほどの製品だったため、市場拡大の予兆があった。そのプラットフォームで魅力的なアプリを誰よりも先につくることで、最初の定番をつくることができる。こうしたことから、多くの人に届けられ認知される可能性があり、また金銭的なインセンティブへの期待もあった。こうした環境が、総じて開発者の「開発してみたい」という想いや感覚を醸成した。この開発者やクリエイターの創造モチベーションを上げることが、DXでの重要な要素である。

したがってPは、単純に「プラットフォームをオープンにしました！　何か面白いことやってみてね！」で済むかというと、そんな簡単な話ではない。開発者の体験や開発者のメリットをきちんと設計することが重要となる。開発者、さらにその先にユーザー、顧客がいるということも踏まえてエコシステムを考えることがPの役割である。プラットフォームを公開することで、私たちPのためにみんなが何かしてくれると考えてしまいがちだが、Pに重要なのはDとUを丁寧に迎え入れ、育てるという感覚である。

P／D／Uみんなが成長するプラットフォーム設計

こうしたプラットフォームはアップルやグーグルなど非常に大きな企業の話で、あまり現実味がないと思うかもしれない。しかし日本でも、こうしたプラットフォーマー的な活動をする企業はある。たとえばnoteやLINEはこうした方法を実践する企業である。

まずnoteは、いわゆるブログ記事などのテキストメディアを中心としたプラットフォームである。現在は国内最大級のブログプラットフォームと言ってよいだろう。こうしたプラットフォームを運営するにあたり、当然ながらよりよい書き手、たくさんの書き手が集まってくれることが望ましい。noteはエディタの機能（性能）がよいことも特長で、また公開される記事のテキストサイズや行間なども読みやすく調整されており、ここで書くだけでだいぶ品のよいコンテンツができる。こうしたエディタや表現がよいことから、他のブログメディアではなくnoteを選ぶ人もいるだろう。書き手が心地よく書ける仕組みは重要だ。

中でも筆者がnoteで注目したのは、noteがあるときリリースした「noteクリエイター支援プログラム」だ。これはnoteが提携する出版社や他のメディアにクリエイターの記事を紹介し、書籍化やメディアでの連載、マネジメント契約、番組への出演といったプロモーションを行うものだ。

こうした枠組みがあると、書き手としては「もしかしたら自分の記事が本になるかもしれない」と期待する。もちろん本というメディアはウェブがある今、昔ほどは特別なものではないかもしれない。しかし、noteで記事を書くことでこうしたチャンスに出合いやすいのであれば、noteを使って書くことに価値を感じる人もいるだろう。それにより、これまで他のレシピ公開サービスを使って自分のレシピを公開していた人が、noteで秘伝のレシピを公開したり、専用プラットフォームで公開していた漫画や小説をnoteでも公開してみようと考えたり、自分のウェブサイトでブログを書くよりnoteの持つさまざまなシナジー効果を使ったほうが自分の伝えたいことがより広がるのではないかと考えるようになる。noteによって自然とさまざまなジャンルの記事が集まり、さらに書き手もできるだけよい記事を書くことを心懸けるようになる。この結果、noteはもしかしたらレシピ公開サービスを越えるような料理レシピサイトになってしまうかもしれないし、小説サイトになってしまうかもしれないし、ビジネス書サイトになってしまうかもしれない。そんなことが自然発生的に起こる。

このように、プラットフォーマーがつくり手のモチベーションを高めたり、つくり手を適切に支援、応援したりすることが、結果的にはプラットフォームの魅力と成長につながる。Pは仕掛け役だが、PもDもU

もみんな成長していく。そうしたプラットフォームが優れたプラットフォームといえる。プラットフォーマーというとプラットフォーム自体にフォーカスが当たりがちだが、このようにDを中心に設計することが重要である。

4-5
エバンジェリスト、DevRel、カスタマーサクセス

プラットフォーマーには、「エバンジェリスト」と呼ばれる人たちがいることがある。エバンジェリストはもともとは宗教の伝道者のことを指す言葉だが、ＩＴ業界では広く自社の製品やプラットフォームの魅力、使い方などを説明し、それらの普及に務める人物のことである。社外のハッカソンやアイデアソン、テックカンファレンスに参加したり、あるいは新製品のハンズオンワークショップなど自社イベントでの活動が主な業務となる。日本ではエバンジェリストと名の付く担当者は稀で、多くは広報あるいは営業担当というところである。

振り返ってみれば、筆者が学生の頃に参加したハッカソン的なワークショップでもらった名刺にエバンジェリストと書かれていて、そのときは「海外企業はこういうの好きだなぁ、いかにもアメリカっぽい、何か意識の高い人」程度にしか思っていなかった。しかし、このエバンジェリストは単なる意識の高い人ではなく、この存在こそが開発者やユーザーを集め、プラットフォーマーを成長させるために重要な存在なのである。

エンジニアやユーザーのノートパソコンの背面にいろいろなサービスのシールが貼ってあるのを見たことがあるだろう。こうしたシールは、エバンジェリストが積極的に配布していたりする。エバンジェリストからすれば、自社のプラットフォームに引き込み、好意をもってもらうための重要なグッズである。エンジニアやユーザーも、とりわけ有名なサービス、あるいは好きなサービスのシールに魅力を感じ、収集する者もいる。

また、エバンジェリストは単なる広報や営業の担当者ではなく、自らもほぼエンジニアであることが多い。そのためハッカソンでは、実際に自身でコーディングなどしながらデモンストレーションを行うことも多い。エバンジェリストは、自身でも使ってみせることで、参加しているエンジニアたちと一緒にそのテクノロジーの可能性を楽しむような場を生み出す。これはある意味での営業ではあるのだが、まったくそういう空気は生まれない。エバンジェリストも含めて全員がテクノロジーに対する好奇心で集まっているからだ。この技術を利用して、どういった社会の問題を解決できるか、何か楽しいことはできないかと、技術の可能性と問題解決や目的達成のため、未来を真剣に考えるのである。

ＩＴ分野では、こうした方法は「DevRel（Developer Relations）」と呼ばれ、企業と開発者の関係をよりよきものにするための活動として一般化している。DevRel はいわゆる企業でいうＰＲ（Public Relations）活動（会社や官公庁などが事業内容や施策などを一般に広く知らせること）のうち、開発者をターゲットにしたものである。DevRel 活動については国内でも書籍化されており、その活動内容はもちろん開発者の特性や、開発者との関係性をいかに築くかについての方法やノウハウが共有されている。こうした DevRel という活動からも、プラットフォーマーにおいて開発者の存在がいかに重要であるかがわかる。

また、「カスタマーサクセス」という言葉もあり、これもDevRelと関連するところである。カスタマーサクセスとは、顧客が問題解決、目的達成まで得られるところまで一緒にゴールを目指す、という活動である。これまでの企業組織は、端的に言えば売ってしまって終わりで、どうしても困ったときにカスタマーサポートという方法で対応するかたちだった。カスタマーサクセスは、カスタマーサポートと比べてより密な関係を持つものといえる。顧客が欲しいのはその製品やサービスではなく、問題解決やある目的の達成であるため、こうした方法は理に適っている。顧客に寄り添い、製品サービスもカスタマイズし、その顧客に最適化することは単純な営業活動ではなく、協同的な開発に近いといえる。カスタマーサクセスは対企業的な活動ではあるものの、問題解決や目的達成の要求がある人に対して寄り添うかたちでのこうした協同的な開発は、今後よりいっそう重要になるだろう。デザイン領域における「コ・デザイン」は、これも同様に、問題や目的を持つ当事者たちとともに活動することで「私たち事化」しながら活動する考え方である。

こうした活動は、大量生産のビジネスによって離れてしまったつくり手と使い手の距離を取り戻す活動と捉えることもできる。かつて家内制手工業時代は、家族が主体となる生産活動が行われていた。そして、つくり手と使い手の距離は近いところにあった。しかし大量生産によってつくり手と使い手の距離が離れてしまった。需要がある場所と供給される場所が分かれてしまったのである。その結果、本来は身近にあるニーズに貢献すべく活動するつくり手は「メーカー」を標榜することになり、製品開発において「つくる、売る」ことが全面に出やすくなってしまった。さらに難しいことは、メーカー企業の場合、社員が自社の製品を使っていないことも多く、つくり手が使い手の感覚を持てなくなってしまっている点だ。たとえば家電も車も、製品寿命は三年や五年は持つため、新しい製品を自分たちでも積極的に取り入れることが難しい。昔はあったかもしれないこうした感覚は、昨今のメーカーには生まれにくい構造になってしまっている。

4-6

日本にほとんどない開発者会議

エバンジェリストに加えて、日本企業にほとんどないものが開発者会議である。プラットフォームを持つ企業はたいてい開発者会議をしている。たとえばApple WWDC、Google I/O、Microsoft Build、Facebook F8、Amazon re:Invent、Adobe MAXなどだ。

日本ではCEATECのような家電見本市のようなものはあるが、それはどちらかといえばデモンストレーションで、目的は商談や製品発表、報道への話題提供であったりする。その場で開発についての議論をするわけではない。アップルの開発者会議WWDCは、ネットで見る限りは主に新しいＯＳや製品の発表会的な部分だけが目立つ。しかし、会場では開発に関するセッションやラボという相談会的なことが行われている。こうしたセッションはウェブにも共有されているので直接参加しなくても情報は得られるが、ラボは現地に行かないと体験できない。これは、いわばアップルストアにあるアップルのカスタマーサポートであるジーニアスバーの開発者版といったらいいだろう。「こういう開発をしたい」「ここでつまずいている」など開発に関する個人的な質問ができるようになっている。しかも、場合によっては一緒にソースコードを見ながらコーディングしてくれるようなことも行われる。自分の興味や疑問についてピンポイントでアップルの中のエンジニアとコミュニケーションできるのだから、問題解決の質はこれ以上ないくらい高いといっていいだろう。

WWDCのような開発者会議を外から見ていると、製品発表と単なる熱狂的なファンの集合イベントにしか見えないかもしれない。しかし実態は、開発者のエンカレッジや育成という役割を果たしている。あるいは個人にまで開かれた世界規模の開発研修ともいえる。極端にいえば、製品発表というのも彼らの道具の発表であって、その開発者の育成やコミュニティの醸成の手段ということである。

アップルの収益の一部はそうした開発者らのアプリやコンテンツから入ってくるものであり、収益以上にiPhoneの魅力を高める価値をつくるのもまたそうした開発者のアプリやコンテンツである。こうした開発会議は単なるイベントではなく、PDUのエコシステムを維持するための欠かせない仕組みといえるだろう。そして他のマイクロソフトやアマゾンといったプラットフォーマー企業も、形式はさまざまだがこうした開発者会議に力を入れている。二〇〇〇年初頭マイクロソフトの開発者会議で、マイクロソフトのスティーブ・バルマーはデベロッパーたちに向かって「デベロッパー！　デベロッパー！　デベロッパー！……」と呪文のように連呼した。当時ネット上で大きな話題になり、今でもスティーブ・バルマーといえばこのパフォーマンスが有名で、その後イベントの度に繰り返されるくらい名物的な発言になっている。これは、それだけデベロッパーが重要であることにマイクロソフトが気づいたことでもあると言われている。※5

ただ当時はOSごとに開発者を囲い込む姿勢が強く、今日のようなプラットフォーマーと開発者の関係とは少し違う。また、この当時はいわゆる趣味でプログラミングをする個人開発者を受け入れるほど懐の深い開発者会議ではなく、それなりに経験のあるプログラマーを集めていた印象がある。そういう意味では、あくまでOSにとってのデベロッパーの重要性に「気づいた」程度であったと思われる。

※5　Joel Spolsky『Joel on Software』（邦訳：青木靖訳、オーム社、2005）

4-7

ハッカソンがうまくいかない理由

今この本を読んでいる人の中にも、ハッカソンやアイデアソンに参加したことのある人もいるだろう。あるいは主催者側だろうか。また、そのどちらでもない人でも「ハッカソン」や「アイデアソン」という言葉を聞いたことはあるだろう。ハッカソンやアイデアソンは、〇〇＋ソン、〇〇マラソンの略で、ハッカソンはハック＋マラソン、アイデアソンはアイデア＋マラソンの組み合わせで作られた造語である。ざっくりと言ってしまえば、ハッカソンはアイデアだけでなくプロトタイプをつくって発表する。アイデアソンは必ずしもモノはつくらず、プレゼンテーションや寸劇などを通じてアイデアだけを伝えればよい。多くはチームで行い、その分野の有識者やエバンジェリストが講評を行う。最終的に投票で優勝者や順位づけを行うコンテスト形式も多い。企業主催の場合には賞金や商品などがあり、また終了後には食事つき懇親会があることもある。日本国内でも年間数百回は行われているといわれる。企業組織から大学のような学校教育機関までさまざまなテーマでハッカソンやアイデアソンが毎日のように行われている。

一方で、実際のところ、こうしたハッカソンがすべてうまくいっているとは言い難い。多くの日本企業が主催するハッカソンは、たとえば自社だけのアイデアを考えていると頭打ちになるため、広くアイデアを募り、そこからある種のイノベーションを生み出そうというものだ。あるいは単純にCSR的活動の一種、もしくは広報的な観点での開催、あるいはその両方である。こうした趣旨は、一見ごく当然に思えるかもしれない。しかし実は、この趣旨自体がそもそも成功しない理由でもあったりする。

まず結論からいうと、日本企業が行うハッカソンが成功しない、うまくいかないのは、主催する企業がPDU的なプラットフォーマーではないためである。プラットフォーマーではない企業がハッカソンを行うと何が起こるかを考えてみよう。日本企業は自社の素材やシステムやサービスを使ったり、拡張したりするハッカソンを開催する。そこでさまざまなアイデアが生まれ、デモンストレーションが行われる。ここまで、ハッカソンとしてはプラットフォーマーであろうと共通だ。しかしそこから先の段階になると、ずいぶん考え方が変わってきてしまう。ハッカソンの結果、まれに目新しいアイデアが出てくることはある。一方で、当然ながら企業では自社製品に関わる企画会議は何度も行われていることから、ハッカソンで出てくるアイデアは既出のものということは当然ありえる。そうなると、「でもプレゼンはうまかった」「プロトタイプがよくできていた」など、そういった視点での審査になりがちである。しかし、ハッカソンにおいてこの視点はあまりよくない。

そもそも、なぜこういう視点になってしまうのか。これは、日本企業自身がPではなくD的でアプリケーションを開発することが多いからである。自社がアプリケーションをつくるDであるため、ハッカソンは「Dである私たちのアプリケーションの開発活動をちょっと外でも公開して、一緒にアイデア出しをしてもらうイベント」になってしまうのである。そのためハッカソンの成果は、「それを自社で実現するか否か」という点で評価されてしまう。

一方、PDUにおけるPの場合は違う。たとえばIBMは、PとしてワトソンというAIのプラットフォームを提供している。IBMがワトソンを使ったハッカソンを行う場合、その審査の結果は、自社がそのアイデアを実施するか否かで判断する必要がない。IBMとしてはワトソンの機能をうまく使っているチームを称え、そうしたチームにはぜひこれで社会を豊かにしてください、応援しています、起業の支援として百万円を贈呈します、などといって開発者たちをエンカレッジする。そうして本当にサービス化、事業化していけば、結果的にそこでワトソンが使われ、最終的にはIBMに利益が入ってくることになる。ハッカソンの都合上順位づけはするが、IBMとしてはワトソンをうまく使ってくれればどこのチームも称賛すべきアイデアなのである。優勝せずとも、その場でワトソンで面白いアイデアが実現できたならば、その開発者はワトソンの魅力を理解する。また、そこですかさずエバンジェリストが懇親会でフォローアップし、そうした開発者全員をエンカレッジする。そこに一体感が生まれる。みんなで未来をつくっていこう、開発やプログラミングって楽しい、そういう世界が生まれる。そしてワトソンの使い手が増える。個人利用の範囲であれば無償で使えることも多いため、こうしてワトソンの開発者が増える。そして、そうした個人がいつか有用なサービスをつくったり、その価値をよく知る人がさらに新たなハッカソンに参加し、有用なサービスを提案したりする。少し遠回りかもしれないが、こうした効果がある。だからハッカソンをやる価値がある。

ＰＤＵを構成しない非プラットフォーム企業の場合、ＰＤＵのＤＵのみの構成、つまりメーカーとユーザーの関係になる。日本の多くのメーカーはＤＵ構造である。そうした構成であることが多い日本企業でのハッカソンは、Ｐの発想とはだいぶ違ってしまう。つまり「自社が取り組むべきものとして面白い・よいか否か」で判断してしまうのだ。筆者自身も多くのハッカソンの場に居合わせたことでこの違いを実感してきた。これは先ほど紹介したIBMのようなＰの視点とはだいぶ異なる。

そしてＤＵの関係でのハッカソンは、参加者へのエンカレッジやその空気感は、製品のお試しや教育的な活動が中心になりがちである。もちろん日本企業におけるＣＳＲ的活動としてのハッカソン、プログラミングやものづくりに関する醸成が目的であれば、それは産業社会への投資といえるかもしれない。しかし、その意味はあっても、ハッカソンというフレームには広すぎる目標だ。ハッカソンの活動はそうした教育的活動がニュアンスとしてあっても、それは自社のプラットフォームを醸成するコミュニティを育てる意味として考えることが基本である。つまりハッカソンは、アイデアの品評会ではなく、戦略的にコミュニティを形成しながら開発者を育てる投資で事業の中心に近い活動なのである。

ハッカソンは、実際にやってみるとその楽しさや熱狂的な雰囲気から、すべてが成功したかのように感じられてしまうところがよくも悪くもある。しかし、ビジネスとして成功させるためには、こうしたハッカソンの特性をよく理解し、自社の製品の性質と合うかどうか検討する必要があるだろう。日本の企業は昔に比べてB2Bへシフトするところが多く、コンシューマー製品の開発製造は縮小気味である。一見、コンシューマー製品（B2C）をつくるメーカーのほうがハッカソンに向いていると感じられるかもしれない。しかし、種類にもよるが、むしろB2B、B2B2C企業こそ、個人を相手にするほどニッチなターゲット設定にならないため、ハッカソンに向いている。最初は企業組織を相手にしながら、B2B製品を個人にも開放し、プラットフォーマーとして振る舞い、徐々に個人にまで広げると、より多様なアイデアに出会えるはずだ。自社だけで多様な個人のニーズに対応し続けることには限界がある。プラットフォーマーとして他社、他者を巻き込み、あるいは逆に、巻き込まれながら問題解決をしていくことが求められる。

4-8

P／D／Uそれぞれが何をすべきか

開発者がいかに重要かについて述べてきた。では、PDUにおいてユーザーとは何なのか。プラットフォーマー、またデベロッパーは何をすべきなのか。PDUそれぞれの観点、関係から考えていく。

プラットフォーマー（メタなイマジネーション、真の創造力）

まずプラットフォーマーは、大きなビジョン、どういう世界にしたいのかの世界観を発信する必要がある。したがってプラットフォーマーは「なぜつくるべきなのか（Why）」を考える必要がある。その上で、その世界をみんなで実現するために道具や環境を開発し、整備する必要がある。自社製品のユーザーとなる人々の属性や利用シーンから開発しやすいソフトウェア開発キット（ＳＤＫ）や、そうしたユーザーの属性と設計を理解したドキュメント、デザインシステムの提供などの整備が重要となる。できる限り個人の開発者の参入障壁を下げ、多種多様な開発者を受け入れる準備をする。

ＤのためにＤＸ（Developer Experience）を重視し、開発意欲を高めるような汎用的でスケールしやすい、新しく関心を引くような技術を積極的に取り入れることは当然として、開発者が金銭も含めて、「よさそう」と感じられるインセンティブの設計が求められる。

Ｐがハードウェアをつくる場合、洗練された技術、汎用性の高さ、その上での大量生産の最適化が求められる。さらに社会浸透のための法律や条例とのネゴシエーションなども求められる。つまり個人開発者がやるには面倒なことをプラットフォーマーが吸収することが望ましい。

また、自社のプラットフォームを使用した個人の開発者が、反社会的だったり社会通念上よくないようなものを開発してしまう、またはその手段にしてしまう、ということがある。あるいは極めて品質の低いものを開発、提供してしまう場合がある。これに対しては、審査という方法で対応することが望ましい（少なくとも初期は）。自社で不確実なユーザーニーズの探索のコストを負担しない分、それをこうした品質のチェック体制へのコストに置き換えることになる。品質のチェックは一見面倒なことに見えるが、多様なユーザーニーズ探索活動に比べれば、業務の不確実性もコストも低いはずだ。

Ｐ自らも開発者の一員ではあるが、個人や外部組織のＤに花を持たせ、つくり手を支える姿勢が大事である。たとえばアップルはApple Design Awardsを開催し、デザイン的・技術的に優れたアプリケーションを表彰する。これにより、この賞自体が開発者のモチベーションになり、開発者たちへのよりよきアプリケーションの例示になる。

デベロッパー

開発者は、プラットフォーマーと比べれば、ビジョンよりも「何をつくるか（What）」を中心に考える。プラットフォーマーが提供するツールや環境を活かすことで、問題解決や目的達成の質を短期間で高めることができる。郷に入れば郷に従えということわざがあるように、プラットフォームで提供されるフレームワークに則って活動することが効率的である。もちろんそれを逸脱するような活動が否定されるわけではないし、そういったところに一種のイノベーションもある。このあたりはバランスということにはなるが、基本的にはプラットフォーマーが提供するリソースを活用することが成功への近道といえる。

デベロッパーはさまざまなモチベーションで開発をする。完全に利益を重視する場合もあれば、単純にテクノロジーに対する興味という場合もある。そして身近な人のため、自分のための問題解決、目的達成のためにということもある。

また、デベロッパーの中には巨大化する組織もある。たとえばLINEはその例だ。LINEスタンプは、最初はLINEが企画、提供するスタンプしか存在しなかったが、今ではクリエイターズマーケットが始まり、個人クリエイターがスタンプを公開、販売できるようになった。LINE利用者の多様化や継続利用によって増加した「もっといろいろなスタンプが欲しい」という要求には、自社の企画だけで多様なニーズに応えるのは難しくなるため、プラットフォーム化することで問題解決をしているといえる。

このLINE例から考えてみると、図14のようにPDUは入れ子構造になっている部分がある。つまり、PDUの中にまたPDU構造を持って活動し得る。そして、こうした生存方法は意外と悪くない。というのは、一番上のPはハードウェアも提供・整備するが、LINEのようにその中でうまくビジネスを展開することで、プラットフォーマーとして振る舞うことが可能なのだ。「プラットフォーマー」というとビジネス的な権威構造をイメージしてしまいがちだが、プラットフォーマーの役割は多様な価値の創出なのだと考えたときに、ハードはつくらずともプラットフォーマーに

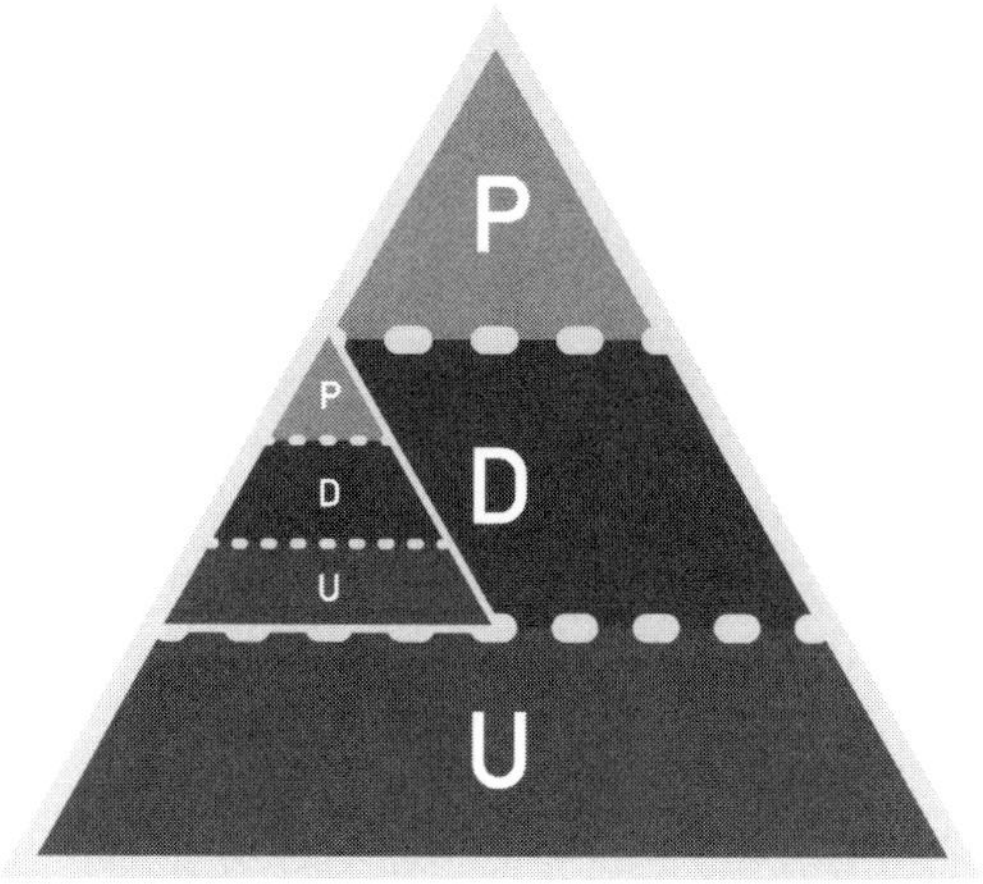

図14　PDUの入れ子構造

なれる方法はある。それがたとえばLINEであり、iPhoneやAndoroidのプラットフォームの中でさらにプラットフォーマー的に振る舞い、開発者やユーザーとの関係を築いている。最初にハードから整備するのは難しいため、まずは特定プラットフォームで成功したあとに別途自社のための専用ハードウェアを整備するようなやり方もあるだろう。

ゲームエンジンをつくるUnityもハードウェアはつくらないものの、ＰＤＵの観点で見たときにユニークな入り込み方をしている。Unityはハードは作らず、あらゆるハードウェアプラットフォーム上で動かすための開発環境をつくる開発者であるが、ゲーム開発者のための環境をつくる点で、彼らもまたプラットフォーマーである。ゲームが作られるあらゆるＰＤＵの中にいるといえる。たとえば任天堂やプレイステーションのようなプラットフォームにも入り込んでいるし、iPhoneやAndroidにも入り込んでおり、そういう意味では任天堂やソニー、アップル、マイクロソフトよりも広いＰである可能性もある。

ユーザー

ユーザーは、プラットフォーマーが提供する環境と、開発者によって作られたアプリなどを、「どう使うか（How）」を考える。しかしユーザーが単純に受身的な利用者かといえば、そうでもない。ユーザーは問題や目的に応じて新しい使い方を閃く創造的な存在だ。たとえば「工夫」という行為は、ユーザーがある問題に対処したことをいう。ユーザーによる工夫というのは、いわば提供側の未解決問題か、新たな問題発生への対応である。

実際、デザイナーは生活者の無意識の行為を探る。プロダクトデザイナーの深澤直人氏は、「Without thought（考えなしの、思わず）」という人間の無意識的な行為の中に潜在的なニーズや共感のヒントが隠れているとしている。他にも、スケートボードはキックボードのハンドを取り外して遊ぶようになったことから生まれたもので、スケートボードという商品がもともとあったわけではない。こうした「ユーザーイノベーション」と言われる事例はときおり生まれる。X（旧Twitter）のリツイート機能はもともとオフィシャルな機能ではなかったが、利用者が「RT」と記して投稿することから生まれた。

ユーザーというのは、問題解決や目的達成をリアルに実感し、ときに面倒くさいというネガティブな感情から、あるいはポジティブな閃きから、嬉しい楽しい成功体験をつくり出す存在である。ただし、自身でそうしたことを言語化できているわけではないし、自身は開発者ではない。開発によって問題解決をする術を持ってないことも多い。よって、そもそも問題に感じず、それはそういう仕様である、そういうものであるという認識をしてしまっていることも多い。ユーザーイノベーションが起きるのは、その認識に疑問を持ち、実際解決を試みて「やっちゃった」、そしたら「よかった」という結果である。

筆者がPDUに関するイベントを主催した際、Mozillaのエンジニアでブラウザを開発している赤塚大典氏はこんな事例を紹介していた。「ブラウザを利用していてイラッとしたことをきっかけに、自分でカスタマイズし始める人もいる。開発コミュニティに参加する上で、ちょっとしたことでもこうしたいみたいなと思って、それを直すということがとても強いモチベーションとなるのではないか」と。赤塚氏自身、あるプロジェクトでFirefoxの拡張機能をカスタマイズしたことがきっかけで、そこからMozillaのエンジニアになったと語っている。

先でも触れているが、「実際に使っている」ことはイノベーションにおいて非常に大切な条件だ。GAFAと呼ばれるプラットフォーマー企業の多くは、社員はみな自分たちのサービスを使っていて、つくり手でも使い手でもある。自分たちのサービスを自分たちも使うことの重要性が認識されており、そうした行為を「ドッグフーディング」という。ドッグフーディングは、ドッグフードの販売企業の社員がドッグフードを自ら食べて品質をアピールしたことが由来とされている。私たちの日常に無数に存在する「使う」という一見特殊性のない行為であっても、それが使われる中で徐々に使い方が改善され、小さな発明が繰り返され、高度化していく。その中で、他者との関係や文脈も変化していき、意味や価値が変質してくる。こうした「使う」経験が、「次に何をしたらいいか、何が欲しいか」という答えへと自然に導く。しかし、ハードウェアをつくる企業が多い日本にとっては、つくったものを自分たちでも使うということが徐々に減ってしまっている。これはどうにかして取り戻さなければならない方向性の一つだろう。

メタメディアを支えるPDU

最初に述べたとおり、プラットフォーマー、プラットフォーム論は、ビジネスモデルやマネタイズ的な話になることが多い。本章では、プラットフォーマー、デベロッパー、ユーザーの三者から、つくること、使うこと、それぞれのモチベーションや役割の観点からこのエコシステムを考察した。

このようなPDUの仕組みが成り立つ、あるいは必要になるのは、メタメディアを扱うゆえである。メタメディアは汎用性が高く、その汎用性の価値をより多くの人が利用するための方法、すなわちPDUエコシステムが求められる。

プラットフォーマーは、世の中の動向を見ながら、汎用性の利用可能性を開発者に向けて調整する。その調整は、開発者の能力やモチベーションなどを総合的に見て行われる。そして開発者は調整された汎用的な方法を用いて、身近な利用者に向けて専用的な問題解決方法を提供する。多数の開発者が参入することによって、多様な専用的問題解決方法、すなわちアプリが開発される。これによって、スマホ利用者たちはメタメディアの持つ入替性の力の恩恵を受けることができ、一台の装置であっても、自身の問題解決や目的達成に応じて便利に利用することができる。

ソフトウェアのつくり手が現状人間である以上、こうしたエコシステムをつくり、ある一定の役割を分担することは重要である。現状ではプラットフォーマーが得る手数料の是非、プラットフォーマーへの依存リスクなどの課題はあるが、これらが解決されていくと、より優れたエコシステムになる可能性がある。それらを打破すべくＤＡＯ（Decentralized Autonomous Organization、分散型自律組織）などの取り組みがあるが、その実現や普及にはもう少し時間がかかるだろう。現状ではプラットフォーマーの倫理に支えられている。グーグルには「Don't be evil（邪悪になるな）」というモットーがあるとされているが、プラットフォーマーはもはやインフラとして公共的な視点を持つ必要があり、利益が得られる一方でその維持や展開には常に慎重さが求められるのである。そして、プラットフォーマーに少しでも不審な動きが現れれば、開発者やユーザーはそのプラットフォームから離れていくことになる。

第５章

未来のインタフェース、インタラクション

前章までに、これまでのコンピュータ、メタメディア、その普及としてのインターネットと融合したメタメディアであるスマートフォンの特徴についてまとめた。そしてモノの価値がソフトウェアで入れ替わるあり方が、IoTによってさまざまなモノにまで広がる「exUIプロジェクト」について紹介した。さらに、そうしたモノの価値が入れ替わる仕組みを支えるには多種多様な開発者を取り込むエコシステムが重要であり、この数十年のエコシステムの基本形「PDU」について紹介した。

ここまではどちらかといえば、これまでのデジタルやコンピュータ、その性質としてのメタメディアの解釈であった。exUIは未来のあらゆるモノのあり方だとしても、メタメディアの方法をあらゆるものに応用した話であった。

ここからの章は、より未来について考えていきたい。まず少し序章を思い出してほしい。デジタルという方法が先端的な人工物のあり方で、それは無尽蔵に広がる人間の想像と欲望を満足させる資源供給方法の最適化であることを述べた。そうしたことから、世界の欲望の処理方法はDXし、それに伴いPXが進むこと、生存様式の変容が起きようとしていることについて述べた。DXPXについてはまた最終章にて詳しく述べるが、デジタルやコンピュータはこれまでのテクノロジーとは異なり、豊かさを拡大するというだけでなく、最適な置き換えを探索しつつ、その上で豊かさを広げていく傾向がある。つまりパソコンやスマホは、その欲望処理の置き換えの役割という観点において道半ばにあるともいえる。

これまでの章でみてきたように、私たちは汎用性と専用性をうまく組み合わせながら、人にとっての意味をつくり出してきたが、それでもコンピュータのその専用性のつくり方はやや固定観念的な呪縛の中にあった。というのは、パソコンにしてもスマホにしても、コンピュータの形状やあり方が機械的な存在、道具的存在となっているからである。これらは、コンピュータがコンピュータ以前の道具や機器のあり方の模倣、見立て、メタファを採用することから設計されているためである。たとえば、画面内にある決定やキャンセルを行う「ボタン」は、機械から生まれているものである。「ページ」という表現は、本やノートなどの紙から生まれているものである。このようなコンピュータやスマホのスクリーン上で表現されている事象はコンピュータにとっての必然ではなく、人間がコンピュータを理解するための必要性からそうなっているのである。だから、私たち人間は自然と受け入れることができる。

すなわち、メタファの採用は利用者に意味を認識しやすくし、コンピュータの実在を支えるが、コンピュータという汎用装置的視点からすれば制約でもある。一長一短のある方法なのだ。理想をいえば、コンピュータ的特徴をうまく活かしながらも人間にとっては意味や理解しやすさにおいて魅力を出せるメタファ、もしくはメタファに代わる何らかのユーザインタフェースとインタラクションのあり方が望まれるだろう。

本章では、まずはコンピュータのＵＩにメタファを採用したことの意味を少し振り返りながら、未来のコンピュータのあり方について考えていく。

意味を与えるメタファ

私たちが使っているスマホはコンピュータで、それが今日のようにさまざまな用途に使える文房具のようなものの一種として認識できるようになったのは、パソコンのUIの設計にメタファ、見立てを取り入れたことが貢献している。現在のスマホも同様に、発売当初のUIには実世界の道具をメタファとした表現が積極的に利用されていた。

第1章で述べたように、パソコンのUI設計にはデスクトップメタファが採用されている。それにより、画面全体は机の上、データの塊はファイル、それを分類し格納するフォルダ、不要になったファイルはゴミ箱に入れる（削除）というように、「人が日常的に利用する机とその周辺」に見立てた。このメタファを用いることで、コンピュータに対する印象と操作感は格段によくなった。

それ以前は、コマンドを使ってハードディスク内に構築されたディレクトリを操作していた。これをCUIという。CUIでは、コンピュータに特有のコマンドを覚えて利用する必要があった。一方デスクトップメタファを採用したGUIでは、机の上に見立てたデスクトップ上で見えているものをクリック、ドラッグするだけの操作が中心となった。覚えることが根本的に減るだけでなく、視覚的に表現されているので親しみやすい印象も与えた。

メタファを採用するインタフェースでは、それが見立てていることを明瞭にするために、単純にテキストラベルが与えられるだけでなく、たとえばショッピングカートならカートの絵がアイコンとして使われる。また、アイコン以外でもソフトウェア全体を紙のような質感に見せたりする。こうした表現の考え方を「スキューモーフィズム」という。

メタファの力は強力だった。世界観やメンタルモデルを与えられていることで、利用者は「実世界と同じように、こうすればできるのではないか？」と利用方法を予想できるようになった。ウェブサービスにおいてもメタファは多用されており、たとえばECサイトではショッピングカート、バスケットなどが用意され、実際の店舗と同じように、欲しいものを決済するまでそこにいったん入れるわけである。メタファというのはアイコンなどの操作部分の表現のみならず、ソフトウェアデザインを「実世界にあるどういうものとしてデザインするか」という視点にまで広がる。

こうしたUIへのメタファの採用は操作感の向上に寄与し、さらに人々にとってのコンピュータに対する意味、価値の認識を大きく変えた。つまり、コンピュータがどういうことができて、それが何であり、自分にどう関係するのかが認識できるようになったのである。メタファを採用するUIによって、作文、作曲、作図、計算など、仕事や生活の中で必要となる作業ができそうであるという可能性を可視化した。

しかし、最近のUIはこうしたメタファを避けるようになってもいる。前著『融けるデザイン』でも述べたが、メタファの採用は類推、わかりやすさ、人にとっての意味を可視化する一方で、デジタルならではの自由を制約してしまうことがある。たとえばX（旧Twitter）はもしかすると巨大掲示板かもしれないが、掲示板という見立てを使ってしまうと、フォロー／フォロワーという概念は適さない。フォロー／フォロワーは、インターネット的、SNS的な表現である。XやFacebookなど、ネットでの新しい考え方、デジタルネイティブな発想のサービスにおいては、実世界を見立てると不都合なことが起こる。今やパソコンのUIも同様である。無論、初心者やまだパソコンやスマートフォンが何であるかをよく知らない人にとっては、実世界を参照し見立てることは認識をサポートする役割を果たす。使ってみたい、自分にも使える、と感じさせることに貢献する。しかしそのシステムがいったん普及すると、わざわざもうその表現をしなくても利用者はその価値を認識できるようになる。たとえば「本」。スマホ上で読めることが当たり前となれば、その価値は「読み物であること」だけである。すると、本らしさを表現するために使っていた紙がめくられるような表現は単なる飾りとしか感じられず、冗長で、いらないどころか邪魔とも感じるようになってしまうことがある。

何に見立てるのか

そうした中で、パソコンもスマートフォンのUIのメタファも「フラットデザイン」へと向かった。極端に実世界（物質）を参照することなく、UIはシンプルなグラデーションが施された。アイコンなどにメタファが採用されることはあっても、ソフトウェア全体の表現を何か実世界の道具に見立てるようなことは今ではほとんどなくなった。ある意味で、デジタルネイティブのデザインとも言えるミニマルさがある。

一方で、こうしたフラットデザインはわかりにくい場面もある。かつてはクリックやタッチする操作部分はボタンとして隆起させるような表現を採用することが多かったが、フラットデザインになるとテキストだけとなることもある。そうなると、単なるラベルなのか操作可能なボタンなのか、判別が難しいこともある。しかし利用者側のリテラシーの高まりによって、苦情はあってもそれらは致命的な問題となることはなくなりつつある。そして多くは改善される。つまりメタファの利用とは、使ってない人、使ったことがない人を利用者として導くために重要な戦略であるが、いったん利用者となれば仕組みの理解が進むことになる。そのため、メタファを常に利用することが望ましいわけではない。また、慣れで使い方にパターンが生まれると、利用者は変化を嫌うため、サービス側が大幅リニューアルを行うと拒絶反応を示すことがある。メタファは意味を与え、先に紹介したように、そのサービスソフトウェアの、人にとっての〈実在〉に大きな影響を及ぼすため、メタファやそれを支えるUIの変更は、利用者にとっては実在の性質が変化してしまうことになるからである。そうして大幅なリニューアルが難しくなり、サービス側は保守的となり、いつのまにか「古びた」サービスとなってしまう。したがって、メタファやそのUIは、ロードマップを設定し利用人口の拡大によってメタファを変える、ネイティブ化するなどの変更や成長をある程度ユーザーにも共有し、そういう存在であること、それを実在として、利用者とも合意形成を得ておくことが重要になる。

さて、スマホやPCのUIは、こうしたフラットデザインにいったん落ち着いたところがある。ただそれでも、ボタンを押すと何かが挙動するような点は、広い意味では機械的なメタファである。そして、UIの課題は次のプラットフォームへも広がろうしている。それがAR、MR、VR、HMDのハードウェアインタフェースとそのメタバースにおけるUI、インタラクションの課題である。PCやスマホに比べて、VR

においては自分自身のアバターもデジタルグラフィックであり、その世界内に自分もいるという設定が可能である。となると、見立て方もかなり自由度が高くなるともいえるし、逆に身体が登場するゆえにあまり抽象化できない制約も出てくる。では、これからのＵＩはどのようにあるとよいのだろうか。

5-2

身体性の回帰とインタラクションとその先

ＩＴ革命と呼ばれた二〇〇〇年前後から、ＨＣＩ分野ではさまざまなインタフェースやインタラクションのあり方が模索されてきた。その一つのキーワードは「身体性」であった。というのは、コンピュータのインタフェースはキーボード、マウス、ディスプレイ、スピーカーで構成され、それまでのテレビなどの映像機器と比べると、マルチメディアでインタラクティブな体験をもたらすものであるものの、人間の身体や動作を制限するところがあるためだ。パソコンはデスクトップＰＣでもノートＰＣでも机に置き、その前に座って利用する。その動作のほとんどがキーボードのタイピングやマウスのクリックといったもので、人間の身体的動作が最小化されてしまっているようなものであった。画面の前でボタンをポチポチしている人間の姿は本当に理想の姿なのかという問いがあった。これらは、それまでの道具のような身体的、感覚的直感性を持たない、記号的な理解を要求するインタフェースだった。またちょうどその頃、人工知能研究においても、身体の必要性、重要性が問われており、身体と環境とのインタラクションに知性の源泉があるという発想があった。

こうした「身体性」をキーワードに探索した成果の一つが、ビデオゲームにおける任天堂Wiiやマイクロソフト Kinectである。また、スマホのマルチタッチのジェスチャー入力もその一つとも言える。これらの製品では、身体動作をコンピュータの入力インタフェースとして利用する。たとえばWiiリモコンを振ると、それに合わせてテニスゲームの中のキャラクターがラケットを振るというように。任天堂は、Wiiリモコンというスティック状のコントローラーによって、テレビリモコンもしくはそれ以上にシンプルな操作でビデオゲームとのインタラクションを実現した。またマイクロソフトはカメラによって身体の手足や顔も検出し、コントローラーを把持せずビデオゲームとのインタラクションを可能にするKinectというシステムを提供した。アップルはiPhoneにマルチタッチディスプレイを搭載し、それによって複数の指での操作入力が可能になった。いずれも、ボタンをポチポチとする、機械を操作するような印象とは異なるインタラクションを実現した。

これらの登場は年代も近いものだった。任天堂Wiiと初代iPhoneはともに二〇〇七年に発売され、マイクロソフトのKinectの発売は二〇一〇年だ。この二〇〇七年から二〇一〇年頃がそれまでの「機械のコントローラー、もしくは機械をコントロールする」という入力インタフェースから印象がガラリと変わる転換期だったといえる。さらに二〇一四年にはアマゾンがEchoというスマートスピーカーを発売し、生活の中でスマートスピーカーに声で話しかけるインタラクションを実現した。返答に制約はあるものの、インターネットにつながったスピーカーによってストアでの注文、天気予報、タイマー設定など、日常的で簡易なタスクを依頼したり情報を引き出せるようになった。

筆者は「インタフェースデザインとインタラクションデザインはどう違うのか？」という質問をよく受けることがあるが、この文脈で言うならば、インタフェースは「操作のデザイン」であり、機器に従属するデザインでその改善を試みるものである。一方、インタラクションデザインは人間側の属性を最大限に取り込む「行為のデザイン」であると回答する。人間はさまざまな感覚器を持つ身体を通じて行為する存在であり、それを設計に活かすことがインタラクションデザインである。インタラクションデザインとは、人間の属性を通じて、コンピュータに対して自然で、直感的、さらには人間的ともいえるような関わり方、関係を構築し、コンピュータの異物感を除去し生活に融け込ませることを考えるということになる。

その意味でインタラクションデザインと身体性は常に重要なテーマであった。二〇〇七年から二〇一〇年は、身体性が意識された新しいインタラクションを通じてコンピュータが「機械ではない何か」になろうとする時期であった。

身体動作を使ったインタラクションに伴う課題

しかし、身体性のある身体動作を利用した行為ベースのインタラクションには課題もあった。それは単純に「疲れる」のである。身体を動かしてビデオゲームをすることは楽しいし、身体動作が他の人にも共有されるため楽しい風景をつくり出すことができる。一方で、身体をそれなりに動かす必要があるため、本物のラケットを持つわけではないものの体力を消費するし、場合によっては汗もかく。複数人でこうしたゲームをする場合ならまだ楽しめるが、一人で画面を前に身体を動かしてゲームをするとなると、新しい体験はそこにあるものの、その必然性が徐々に疑問に思えてくるところがある。ビデオゲームの楽しさの中心がゲームをクリアしていくこと、課題や目的達成に対する喜びにあるとすれば、身体動作はあくまで手段的なものとなる。最初はテニスラケットを本当に振るように大きく身体を動かしていても、徐々にセンサーの性質が理解できると最小の動きでプレイするようになってしまう。こうしたことは筆者自身にも経験がある。「うまくプレイすること」を最適化してしまうのである。そうすると、行為の最適化、最小化が起こり、もはやその入力方法は「少し面倒なボタン入力」的なインタラクションとなってしまうのである。

Wiiは世界中で爆発的に売れたものの、結局、身体的インタラクションはビデオゲームのインタラクションの中心とはならなかった。マイクロソフトのKinectも同様に、デバイス自体の販売は終了している。スマホの場合少し事情が異なるのは、身体的といっても指が中心であったため、である。もちろん、こうしたマルチタッチも継続的に利用すれば疲れが生じる。そのため、アップルはMacBookなどではタッチパネルの導入は行わなかった（据え置きタイプの固定されたタッチパネルを操作し続けることによる身体的疾患は昔から指摘されている。手がしびれ始め、次第に腕の輪郭がぼやけ太くなる感覚に陥ることから「ゴリラ腕」と呼ばれる）。[※6]

ＶＲデバイスが一般に登場したのは、それからしばらく経ってからのことだ。後にMetaに買収されるＶＲ向けのＨＭＤデバイスを開発したOculusが、一般消費者向けの価格帯でＶＲデバイスを発売し話題となり、それ以後いくつかのメーカーがＶＲデバイスを発売した。Wii や Kinect と違い、VR HMD デバイスは目をディスプレイで覆い、頭の動きに連動してディスプレイ映像を動かすことにより、画面を見ているという感覚から画面映像内に自分が入り込んでいる体験を提供できる。一緒に提供されるＶＲコントローラー、あるいはカメラによって認識された自分の手を使って（ＶＲ内のヴァーチャルハンドとして）、操作入力を行うようになっている。

ＶＲもまさに身体性の回帰であり、その真骨頂ともいえる。人間の身体動作や感覚すべてを対象に、コンピュータとのインタラクションを行う。ゴーグルをはめた感覚はあるかもしれないが、そこに道具や機械とやりとりしているという感覚はほとんどない。世界（メタバース）と私という二者の関係だけである。その分、そこで得られる体験は、設計者が世界をどう設計しているかに依存してくる。

Oculus が Meta 社に買収された二〇一四年は「ＶＲ元年」とも呼ばれ、以降、研究者のみならず一般の人でもＶＲコンテンツを体験できる時代となった。こうしたＶＲやＡＲといったゴーグル、グラス型のデバイスは「空間型コンピュータ」とも呼ばれる。二〇二四年にはアップルも空間型コンピュータとして Vision Pro を販売開始し、話題となった。このように、現在進行系でこうした新しいインタラクションが模索されている。

一方で、ＶＲにも、先に述べた身体を使うことによる「疲れる」問題も健在である。Meta は Meta Quest 2 という HMD のＣＭにおいて「動けるほうが、オモシロイ。」をキャッチコピーとしていた。しかしこれだけでいえば、Wii や Kinect が通ってきた道と同じである（Vision Pro では、身体的動作を利用するものの、視線入力とジェスチャー入力を組み合わせて、腕をなるべく上げなくても利用できるような工夫があり、そうした疲れへの配慮が見られる)。

ゴーグル、グラス型コンピュータのような自分の身体に着用し、身体や身体動作を活かせる状況において、どういうインタラクションが最適であるかはまだ明らかではない。そして、これまでの経験からすれば、身体を動かす入力が未来ということではなさそうである。それでは、インタフェースやインタラクションはどこへ向かうことが望ましいのだろうか。

※6 http://www.catb.org/jargon/html/G/gorilla-arm.html

5-3

身体性を超えて——新しいメタファ、新しいインタラクションの模索

機械的な操作から身体動作を利用したインタフェースへとシフトしようとしても、身体的な疲労が壁となり、私たちはその疲労を最小化しようとしてしまう。としたとき、機械的でもなく疲労も少ないインタラクション体系はどこにあるのだろうか。もしくは、何かちょうどいいメタファのようなものがあるのだろうか。何が理想として候補になってくるのだろうか。

そこでヒントとなるのが、一部屋くらいの大きさがあったデジタル計算機からパーソナルコンピュータに

至る中での思想である。一九四五年、ヴァネヴァー・ブッシュが「As you may think（われわれが思考するごとく）」という論考を公開し、機械が直接人間の思考を助ける装置Memex（記憶拡張機）の概念を示した。後にダグラス・エンゲルバートがそのプロトタイプを形にした。この時期、クリックして他の文章へ飛ぶ「ハイパーテキスト」という概念がテッド・ネルソンにより提唱されている。さらに、アイヴァン・サザランドがコンピュータ上で絵を描くシステムを開発した。そして、何度でもやり直すことができ、ときにコンピュータが人の描くものすら予測、補正できるビジョンをデモで示した。※7

こうして、パーソナルコンピュータやインターネットのインタラクションの基礎ができあがりつつあった。文章や画像などをいつでも取り出して使用し、戻すことが容易な世界である。個人が使うコンピュータとハイパーテキストを実現するメディア（ハイパーメディア）を融合させたのが、（序章で述べたとおり）アラン・ケイである。それをパーソナルコンピュータ＝PC（パソコン）と名付け、やがて個人がコンピュータを使う世界が来ることを示した。対話型で使える「小さなコンピュータシステム」を目指す流れは他にも複数あり、トランジスタの実用化や集積回路の登場とともにコンピュータは小型化していったが、ここで注目するのは、ブッシュ、エンゲルバート、ケイらの思想、すなわちパソコンを「人の想像の増幅装置」と考えたところである。

※7　西垣通『思想としてのパソコン』（NTT出版、1997年）

空想・想像の増幅装置

アラン・ケイは、パソコンの理想像を「空想・想像（ファンタジー）の増幅装置」と説明する。

メタメディアの到来によって、まず第一に、記号を使いこなし情報を好きな方法で表示するという能力を持つ、新しい自由なリテラシーを身につけた社会層が出現するだろう。そしてさらに、こうしたメディア独自の能力、すなわち〝シミュレーション〟の能力というものの影響があらわれてくる。シミュレーションとは、人が想像するものを見せる能力であり、人の命令に従って作られる世界である。コンピュータには、即座に知覚的な表現を生みだす力がある。〝反応する〟世界をユーザーやプログラマーが探索し、その世界がどう機能しているかを理解していく度合いによって、彼らの能力も発展していくのだ。想像力に力を与え、頭の中で明確に思い浮かべられるものに形を与えるというシミュレーション能力によって、コンピュータは〝ファンタジー増幅装置〟としての機能を持つことになる。アラン・ケイが人に説教するときに使う〝ケイの第一法則〟にはいくつものバージョンがあるのだが、〝第二法則〟としていちばん引き合いに出されるのは、「ファンタジー増幅装置をつくりさえすれば、成功は約束される」という言葉だ。ケイに言わせれば、ゲームをしたり想像の世界で夢想したりすることは、現実世界を動き回るのに必要な技能を学ぶことと同じ意味なのである。「人間は、自分たちでつくり出した幻覚の中で生きている」というのが、ケイの好んで使う言い回しだ。だが、人の生きる世界という幻覚はあまりに複雑であり、その制御も人の手に負えず、巧みにあやつるための手引きもなかなか見つからないので、人間はどうしても自分の家族や社会や文化の世界観にとらわれがちになる。「人間はファンタジーなしには生きていけない」とケイは断言する。「ファンタジーを見ようとすることは、人間であることの一部だからだ。ファンタジーというのは、もっと単純で、もっとコントロールしやすい世界なんだ」そして人間は、より単純な世界をコントロールするすべを学ぶことで、ファンタジーではない本当の世界をあやつる手段を見つけていくことになる。たとえばゲームは、制御可能であり挑戦のしがいもある。自分のことのように目的をもって楽しむことができ、結果にもあまりとらわれずにすむ。同じような意味で、スポーツや科学、芸術などはすべて、代償作用的で目的を持ったファンタジーである。ケイがビデオゲームを単なる一過性のブームではなく、もっと重要な力を持つものと見なしているのも、そのためだ。おそらく、ケイがアタリ社に加わった理由も、そこにあるのだろう。

（ハワード・ラインゴールド『新・思考のための道具　知性を拡張するためのテクノロジーその歴史と未来』（邦訳：日暮雅通訳、パーソナルメディア、2006年））

アラン・ケイは、パソコンをファンタジー増幅装置、つまり想像や空想を拡張する装置として捉え、設計してきたところがある。今「シミュレーション」というと、物理シミュレーションというような、何か科学的な行為をイメージするかもしれないが、パソコンやスマートフォンにおいてもシミュレーションは日常的に行われている。Wordで文章を書き、修正し、レイアウトを調整することはシミュレーションである。LINEなどメッセンジャーツールで、こう書いたら相手に喜ばれるだろうか、丁寧な言い方になっているだろうかと、幾度も読み返し修正することもシミュレーションである。つまり、パソコンやスマートフォン上で何か制作することは、あれこれ試せるため、原則すべてシミュレーションといえる。

パソコンやスマートフォンは、想像や思考を目の前で具現化しながらも、常にその変更可能性を持っている。物理世界でも、鉛筆で紙に書き出すことで、頭の中で考えることを拡張・強化できるとはいえ、一度書き出してしまうと固定され、パソコンに比べてやり直しのサイクル、試行錯誤のしやすさは根本的に異なる。頭の中の想像世界と物理世界の間のような性質を持ち、常に編集可能な都合のよい場所、それこそが、優れたUIを持つソフトウェアである。

ファンタジー、想像、空想、と言われると、ディズニーランドや映画やゲームの話のようなイメージを持つかもしれない。しかし、仕事の文章作成、個人のメール、インスタグラムでの写真加工、映像編集といった日常的に行う作業や制作が比較的気楽にできるのは、パソコンの持つシミュレーションの性質が人の空想・想像を拡張強化してくれるからである。

想像という「世界」

リンゴをじっくりと思い浮かべてみてほしい。あなたの知っているリンゴらしきものが頭の中といわれるような場所に薄っすらと立ち上がってくる。次にバナナを思い浮かべてみよう。やはりバナナの像らしきものが立ち上がってくる。辛い食べものを思い出してみるだけでも、人は発汗や唾液量が増すことがある。

この像の素材は何であるかわからないが、絵的（イメージ）と言われることもあれば、そうではない説もある。はっきりしないが、そうした輪郭を立ち上げたり消し去ったりが常に繰り返せる便利な場所＝想像世界を私たちは持っている。モノのように保持力はなく、輪郭もはっきりしない融けた世界だ。他人に共有されない、自分だけの安心できて心地よい自由な世界である。

私たち人間にはどうやら考える場所、想像する場所、思い浮かべる場所、自分だけの内なる世界がある。このことは多くの学問でも前提であるし、誰しもがそれを経験的に理解している。意識ともいえるのかもしれない。個々人の内なる世界であって、直接共有はできないため、その存在を明確に示すことは困難である。しかし、どうやら私たちはその場所、世界をうまく使っている。デジタル空間を物理世界と同じように対比して一つの世界として認識するならば、私たちの頭の中の世界もまた同じように空間的に捉えられるし、一つの「世界」である。

とはいえ、「想像」という言葉は一般的で日常的であっても、その性質については意外と無自覚である。生まれもってして私たちは何か考えているし、想像していると思っている。また、想像といったときに「創造」という同じ発音の言葉がある。まったく違うものだが、一緒に使われることもよくある。まずはその違いを考えるために、レゴブロックを例に想像世界について迫っていく。

5-4

レゴブロックは創造的なのか想像的なのか

レゴブロックは世界各国で楽しまれているおもちゃである。筆者自身も幼少期に最も時間を費やしたおもちゃだ。レゴブロックを紹介する書籍には「創造力をのばす魔法のブロック」と書かれている。創造というのは新しくつくり出す、創出することを意味するのだから、発明的で、想像よりも強いポジティブなメッセージがある。しかしレゴブロックを使い何かをつくることは本当に創造なのだろうか。実はレゴブロックに必要なのはほとんど想像のほうではないか。むしろ創造については形式化、単純化しているようにみえる。レゴブロックを使うことはどういうことなのだろうか。

レゴブロックはシンプルな部品を主にスナップの機構で組み合わせる。モジュールを組み合わせて制作することが創造の手法で、どんなに大きなモノでも複雑なものでも、原則その方法から逸脱することはないし、してはいけない。つまりレゴブロックで制作しているときに接着剤の使用やドリルで穴を空け加工することは一般的ではない。それはもはやレゴの作品ではなくなってしまう。

したがって、レゴブロックで何か新しいものをつくり出す行為は、どこまでやっても「レゴブロックでできた何か」でしかない。創造的な活動で、創造の練習にはなるかもしれないが、よくよく考えると、これを「創造」というには少し違和感があるように思う。

ただし、だからレゴはよくないものであるということをいいたいわけではない。むしろ、そうした「創造のため単純化」が人の想像にとって都合よく、レゴは想像を加速、拡張するツールとしてよくできている、という話である。レゴブロックは、どんなものをつくるときでもブロックのスナップ機構を用いる。この単純な仕組みによって制作スキルが均質化される。ドリルや接着剤、工具など他の道具を用いる場合、それぞれの道具の使い方を学ばなければならない。しかしレゴは、基本的にはレゴブロックと素手だけを利用する。どう組み立てるかの設計スキルは必要であっても、制作スキルは単純である。だから、レゴブロックを目の前にして「さて何を作ろうか」とつくり出すことからすぐに始められる。これは、つまり人が「想像」へ注力できることを意味する。

また、レゴブロックのスナップ機構は、取り付けも容易だが分解も容易である。つまり間違えて取り付けてもすぐに戻せる。そのため、その取り付け行為において失敗という概念がほぼない。「こうしてみようかな」という曖昧な方針を許容する。この許容が、試す行為の躊躇《ためら》いをなくす。レゴには失敗も躊躇いもなく、試すことが気軽にできる寛容さがある。そしてこれは、私たちが頭の中で行う想像行為と近しいのである。

レゴのこの性質は、パソコンの特徴にも近いところがある。つまり、想像的であり、想像を加速拡張するツールとしてよくできている。そして、多くのソフトウェアはレゴブロック同様に、コンピュータの「創造を単純化する」という思想を志向している。コンピュータ上のソフトウェアは創造的ではあるが、それはどちらかといえばある前提の上での創造である。だからこそコンピュータは想像の道具であり、ソフトウェアとそのＵＩは想像的対話の媒体であるのだ。

5-5

想像世界、物理世界、デジタル世界

想像世界はそれぞれの個人の中にあるため、現象的で実体があるわけではない。しかしそれは思考であったり、感情であったり、記憶であったり、アイデンティティであったり、人間活動の根源を担うような場所、現象でもある。一般的に、物理世界とよく対比されてきたのはデジタル世界だ。しかし、パーソナルコンピュータの誕生を振り返ると、その人間の想像という現象、場所から設計・検討されてきた歴史がある。本書での提案は、物理世界とデジタル世界に加えて、想像世界を対比に加えてはどうかということである。これは提案というより最初の発想に戻ろうというものである。

私たちが存在するのは、物理世界の模倣がコンピュータという異物を社会に浸透させるための方法（メタファ）として一役買った後の状況である。そして、次を模索する中で、身体動作を用いるインタラクションをUIやインタラクションの未来として見てきたが、それが必ずしもインタラクションの理想ではないことに気づきを得ている。さらに生成AIという方法が一般化しようとする流れと、DX、デジタルネイティブへと向かおうとする流れが起きている。インタラクションやソフトウェアのあり方を、物理世界とデジタル世界の対比で考えることには無理が生じる。デジタルネイティブということを問うてもそこに答えを見出すことは難しく、人間中心的な性質もそこにはない。だからこそ、想像世界はちょうどいい参照先であり対比先なのである。

以下、想像世界、物理世界、デジタル世界の三つの世界を対比しながらその性質について考えていく。

軽く自由だが儚い想像世界

想像世界とは、いわゆる自分の頭の中の世界である。思考や妄想、考えを巡らせる器、メディアであり、私を「私」足らしめているようなものでもある。目を閉じても耳をふさいでも消えない、思念思考の世界である。学術的にはこうした仕組みについては、「想像」とは言わずに「心的イメージ（Mental Imagery）」や「心像」と呼ぶ。一方、想像は心的イメージという仕組みにおいて、アイデアのシミュレーションやあり得ないような事象を思い浮かべることをいう。

心的イメージには、知覚や運動に対応したモダリティ（感覚）がある。たとえば家から駅までの道順を人に伝えようとするときには視覚イメージが使われる。また聴覚イメージもある。たとえば「きらきら星」や「かえるのうた」を声に出さずに歌ってみてほしい。おそらく多くの人が頭の中で歌唱することができるだろう。「イメージトレーニング」という言葉があるように、身体の感覚、運動をイメージすることができる。また、味覚についても、バナナの味、サイダーの味と言われれば、それをイメージできる。さらに心的イメージは操作できるとも言われている。

たとえば「メンタルローテーション実験」という心的イメージに関する有名な実験がある。図15のように、三次元的な物体が同じものであるかどうかを判断するとき、私たちはそれらを頭の中で回転させてその一致を確かめるのか否かを実験するものである。そしてこの実験結果は、回転角度が大きいほど、左右の画像の正解の判定に時間がかかることを明らかにし、どうやら人は心的イメージの中で知覚イメージを回転操作し、その一致を確かめている、という可能性を示した。どうやら私たちは頭の中に、スクリーンではないがイメージを保持する場所があり、しかもそれを操作できる能力を持っているようなのである。

このように心的イメージは知覚に基づくが、知覚がなくともそれをイメージすることができ、しかも操作できるようである。こう書くと、知覚がないことにはイメージはできないと思うかもしれないが、心的イメージは、経験したことのない事象もつくり出すことができるといわれている。実際、たとえば「飛行機を操縦する態」や「大きなクリスマスツリーを置くとしたらどんな部屋にしたいか」というように対象を複合化しても、そのようなものをイメージできる。こうし

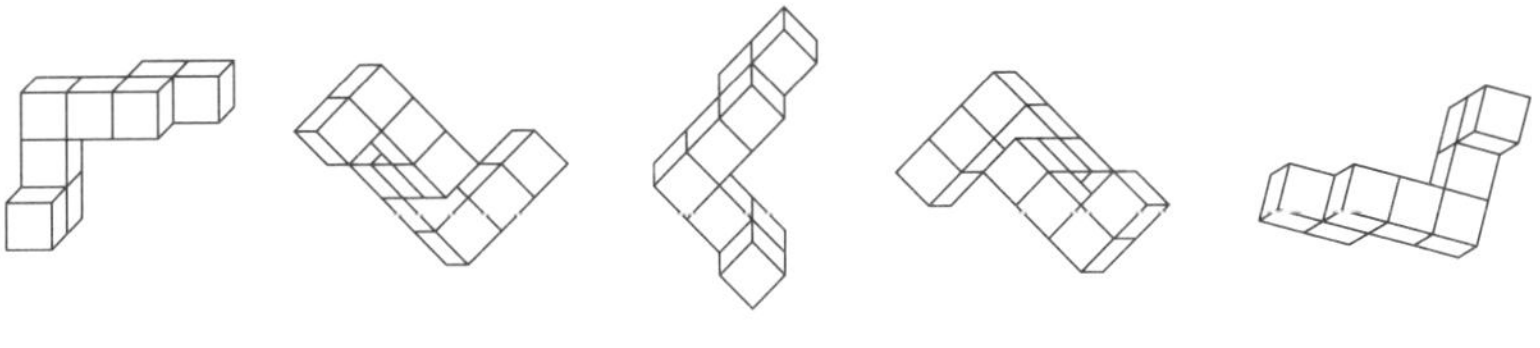

図 15　メンタルローテーション実験。2 つの図形が同じ形状かをさまざまな回転角度で検証する。回転度が高いほど、一致を確認するための時間がかかることがわかっている。つまり心的視覚イメージを頭の中で浮かべて回転操作しているのではないか、というもの。

たものを「想像」と呼ぶ。本書では心的イメージと想像は、厳密には区別せず「想像」と呼ぶことにする。

さて、想像世界の特徴は、まず他人と共有ができない点である。他人と共有できないから、発話や行為などでそれを表現し、表出する。たとえば「思っても」言わなければ、他者には伝わらない。自分自身の心の中のみで用いる言葉を「内言」と呼び、私たちはこの内側の想像世界と外側の世界を実用的にうまく使って暮らしている。日常的に、思ったけれど言わない・やらない、少し考えてから行動する、というように、想像世界をうまく使いながら自分の外側の世界とやりとりをしている。

なぜ、この想像世界（意識あるいは心、ワーキングメモリともいうのかもしれない）があるのか、発生の仕組みはよくわからない。ここではその解明は目的にしない。ただ現象として注目する。想像世界は、それ以外の世界と感覚器を通じてインタラクションしながらも、その中では、ちょっとしたプロトタイピング（試作行為）をしている。ああでもない、こうでもない、こうしたらどうだろうと動かしたり組み替えたり、ささやかな創作である。試行、試行錯誤、シミュレーションともいう。材料はどうやら言語的なものだったり、数字的なものだったり、画像的なものだったり、さまざまだ。体験の再現、シミュレーションもできるようでもある。辛いものを食べることを思い浮かべると唾液量が増えることもある。こうした想像の中の状態は直接観測できないが、どうやら人によってだいぶ違うようでもある。

想像はどれだけ努力しても物理的な事象にはならないし、なることはできない。物理的な労力はかからない。逆に、何も考えないことが難しいくらい、常にふつふつと何かを思い浮かべてしまう。極めて低いコストでそれができる。単純にいえば、想像世界や思考とは、提案と却下の高速なイテレーション活動である。

しかもそれは止めることのほうが難しいくらいには自動的である。

また、想像世界は次のことを考え始めたり、他者から話しかけられたりすると、すぐに消えかけるくらいには儚く脆い。ただ儚いが、何度でも繰り返し反復して使えて軽く、変えやすく、可逆性がある。試行錯誤のイテレーション（繰り返し・反復）は非常に速い。そして、この世界は他者から直接介入はなされないため、ここを自由と言わずしてどこを自由というのかわからないほどには、自由で豊かな場所である。

ただし、想像世界は質量もなく輪郭もはっきりせず、維持できず、直接共有できない。また、ある意味で想像世界は自分でもそれを直接見ることができない。だから、それを実行しようとしても「想ったほど」うまくできない。

この原因は複数ある。想像世界の材料が、脆く保持できないこと。実行する世界の材料や方式、形式との相違があること。そして、その実行は自身の身体を通じて行わなければならない。不確実性があり、保持に困難があるイメージを身体的なスキルをもって実現しなければならない。また、実世界の材料の性質を理解しなければならないため、「想うこと」と実現することには溝がある。

想像世界はすばやいプロトタイピングができ、軽さはあるが、「理想と現実」という表現があるように、理想（想像世界）とその外側の物理世界の間には溝がある。

このように私たちは「世界」というと物理世界を最も身近に感じるが、同様に身近な世界として想像世界という場所と方法を持つ。

次は、物理世界とこの四半世紀で拡大したデジタル世界である。想像世界と対比しながらこの二つの世界について考えていく。

重くて不可逆で残存する物理世界

物理世界は、想像世界に比べると質量があり重く、輪郭もはっきりしているし、体積があり、空間を専有し、比較的長く残る。その場所においては他者と体験を共有できる。ただし、多くの人々が所有しようとすれば、複製しなければならない。また、物質はモノとして状態が維持されるため、一度つくってしまうと、壊す、崩す、捨てる行為が必要で、想像世界に比べると不可逆的である。

人々は石器からはじまり、ハンマーやエンジンを持つショベルカーのように力を生み出す方法を獲得し、この世界の性質に対する改変性や創造性を高め、現在に至る文明まで発展した。

なお、物理世界の道具は多様である。これは加工、改変する素材の性質が多様だからである。木材、草、石、生き物など物理世界は多様な素材で構成されているため、その素材の性質に課せられた制約に合わせた道具の利用が必要となる。

そして物理世界は不可逆性が高いため、意図せずとも、地球にはあらゆる人類の活動の痕跡が数千年のスケールで残存する。現状、人類が安定して生存可能なのは地球のみである。ほぼすべての場所が国に分かれており、その統治下にある。新たに国をつくり、制度をつくることは、一般的には難しい。さらに二〇世紀以降、人類は急速な人口拡大と経済産業によって、地球環境問題として、かつてオゾン層の破壊や石油の枯渇、工業化に伴う公害問題と向き合ってきた。よって物理世界の有限性への意識、問題認識は高まる方向にあり、条例や法律などで自ら規制する。

また、そもそも、この地球を生み出したのは人ではない。人は地球に存在するだけだ。有限であることの意識なのか、真理追求なのか、その両方からくるのかわからないが、人間は科学技術を用いて地球の構成、誕生の仕組みを探求し続けてきた。しかし現状では地球のつくり方や再生方法はまだわかっていない。再生方法がわからないまま失ってしまえば、再度それをつくり出すことは極めて難しい。つまり地球環境を守り残すのは、「それを失ってはならない」からだ。究極的には「自分たちで地球環境をつくる方法を知り、つくり出したい」からである。人が地球と同じような惑星を無尽蔵かつ短時間でつくり出すことができれば、多くの問題は解決できるかもしれない。しかし現状その到達は極めて難しい。今のところ、物理世界は人の想像と欲望に無尽蔵に応えてくれるものではなさそうである。

軽くて可逆的なデジタル世界

デジタル世界は、物理世界と比べると質量も体積もない。現在は液晶ディスプレイ、スピーカー、HMDなどでその世界体験を提供する。デジタル世界は基本的にプログラミングにより創造と改変を可能にする。デジタル世界の道具は、現状「プログラミング」という方法である。とはいえ、コンピュータ利用者の多くはプログラミングするわけではない。プログラムをパッケージングしたソフトウェア、アプリケーションを道具として利用する。ソフトウェアやアプリケーションはご存知のとおり多種多様あり、文書作成や表計算、画像編集加工、映像編集などさまざまな種類がある。それぞれ最適な問題解決のために特化している。

こうしたソフトウェアの利用は、プログラミングほど自由度はない。しかし、ソフトウェアやアプリケーションは適切なUI設計がなされ、わかりやすく、問題解決を行いやすい。プログラミングができる人であっても、通常はその都度プログラミングするのではなく、そうしたUIを持つソフトウェアかパッケージングされたコマンドを利用することが一般的である。

そして、私たちはデジタル世界のよさを身近なパソコンですでに経験している。Word のような文書作成ソフトでも表計算の Excel でも、アドビの Illustrator のようなドローイングソフトでも、直前の操作を元に戻すこと（Undo）ができる。ドラッグ&ドロップ、コピー&ペーストで図や文章の位置も好みの場所に簡単に移動でき、それは常に調整できる。紙の場合、単純な移動ですら、一度描いてしまうとその位置をずらすのは基本的に難しい。下書きをつくって失敗を防ぐことはできるかもしれない。だが、常に調整ができることとは意味が違う。常に調整可能であることで試すことが億劫にならず､試すモチベーションが生まれる。だから想像に集中できる。

さらに、パソコンにおける制作行為はキーボードやマウスなど物理的なインタフェースによって比較的単純化されている。現状のインタフェースはほとんどがボタンかタッチパネルである。さらにインタフェースは、個々人で自分の使いやすい形状も選べるし、さらに手を使わず視線や音声での入力も可能である。これにより、体力差や身体差などを吸収できる。すなわち、パソコンの利用時は、他の物理的道具と比べて身体的にスキルの均質化が容易で、人は身体的制約から開放される。やはりその点においても、人は想像することに集中しやすくなる。

ソフトウェアやアプリケーションの画面にはＵＩが表示され、試行錯誤の場を提供する。優れたＵＩはその試行錯誤の提供の仕方が上手い。たとえば、インスタグラムの写真フィルタには「東京」や「パリ」などのテーマのプリセットがある。もっと細かく調整したい人は明るさやコントラスト、色温度など個別に調整ができる。こうした調整をうまく構造化することが大切となる。人のやりたいことに近い状態で試行錯誤できる環境を提供することが重要で、そのためにはアプリケーションの目的が洗練されていることが大切になる。これが試行錯誤のイテレーションサイクルの回転を早める。したがって、ＵＩがよくなるほど、この自分の欲望からくる提案を伝えやすくなり、即座に提案を具現化できる。また、その具現化された提案があるゆえに、「これがよい」あるいは「これじゃない」の判断が行いやすくなる。

すなわち、このサイクルの回転のよさは、「人が考えるかのごとく」の性能の向上である。人にとってよいソフトウェアとは、よいＵＩが設計されているかであり、よいソフトウェアは想像に集中できるものである。しかも最近ではこのイテレーションにＡＩが入ってくる。提案と却下のサイクルの「提案側」をやってくれる。さらに自分の欲望を少し先回りして予測し提案してくれる。人がやることは、その提案に対して受け入れるか却下するかだけの判断になり、よりすばやいイテレーションをつくれる。文章の予測変換もその一種である。ＵＩは、こうしたＡＩ的な処理を含めることで「私のことをよく知る仲間とコラボレーションしながら考えるかのごとく」創造ができるようになる。

前述のとおり、現在のパソコンではプログラミングがもっとも自由度が高い創造の手法である。パソコン利用者の多くがプログラミングをするわけではないことが敷居を高くしていた理由の一つだが、インターネットとウェブの発展によって「こういうのないかな?」の検索が簡単になった。もちろん、プログラミングのUIも発展している。今そこに、AIが入り、コードを書かずに目的のソフトウェアやサービスを開発できるようになっている。開発・制作プロセスにAIが組み込まれ、ノーコードで開発が可能になると、より理想へのステップが短くなり、「思うがごとく」となる。

5-6

想像、フィジカル、デジタル

コンピュータを使うこと、デジタルであるということは、想像のように試すことが自由なもので、しかもそれは目の前で知覚、体験できる。三つの世界を考えると、デジタル世界と想像世界は似ているところがある。というより、デジタル世界はメタファこそ物理世界を参照したところはあっても、そもそもパソコンを生み出したアラン・ケイはパソコンを想像・空想の増幅装置として考えたのだ。私たちは、デジタルらしさを活かすときに自ずと想像の世界の性質を、つまり欲望に忠実で、自由で、可逆的な世界の編集性を、実装しようとしてきたところがあるように思う。

二〇世紀末から入ってきたデジタルな方法であるコンピュータやインターネットは、物理世界で人の生活を構成するものとしては異物的存在であった。私たちは四半世紀の間、デジタル世界と物理世界を対比し議論してきた。それゆえ、デジタルをベースにしたパソコンやスマホがつくる世界は「物理的ではない何か」だったし、それを目の当たりにした人々の価値は、むしろ物理的であることが意義深く、デジタルであるということの面白さは留保しつつもポジティブに語られることはあまりなかった。パソコンやインターネットを使うことに魅力を感じても、そのよさや豊かさの説明が難しかった。あるとしたら「便利」といった効率の文脈で語られ、それは豊かさとは直接結びつきにくかった。私たちは常に物理世界に価値のベンチマークを置いていたので、いつになってもデジタルであることのよさにたどり着けなかった。

しかし、「デジタル」対「物理世界」に加えて「想像世界」を置くことによって、デジタル対フィジカルの不毛な論争を避けることができる。そして想像世界を理想として置ける可能性が出てくる。しかもデジタル世界は想像世界の仕組みに近く、想像世界を見立てとして目指すことでフィジカルでは実現し得ない想像世界的性質を積極的にデジタルで実現することができる。つまり、デジタルはたとえば「物理世界みたいに重さがなくてイマイチ」ではなく、「想像世界のように軽くていいね」という価値をフレームとして持つべきである。「軽さ」ということについてはこのあと説明していくが、この指針の違いによってつくり方も作られるものも変わる。物理世界をメタファとすることは、いい意味で人を騙してきたが、悪い意味では、そうしたコンピュータは物理世界を投影するものであるという認識を与えてしまった代償がある。

これから必要なことは、デジタル世界を「いかにフィジカルに近くするか」という観点からの脱却である。

そこで筆者が提案したいのが、「想像世界」をUIやインタラクション設計の理想郷とする案である。想像世界の仕組みや特徴を理解し、UIやインタラクションを見立て設計することで、より人にとって使いやすい、あるいは都合がよい「考えるがごとく」使えるコンピュータができるはずである。なぜならパーソナルコンピュータは、そもそも人間の想像的性質に注目して設計されたのだから。最初は物理世界を参照したが、ようやくその皮を剥いで、より人間的性質に近づこうとするのではないか。つまり、デジタルにネイティブというより、アラン・ケイらの考えてきた「ファンタジー増幅装置」としての思想にネイティブになろうとするのではないか。

5-7

メタファとしての想像世界

メタファとして見立てるのは、想像世界の原理部分である。想像世界の内容は、私たちが知覚、体験する世界に大きな影響を受ける。ただし想像世界は物理世界とは違い、自由な融合や編集ができる。その中核となるのは、先にも述べたとおり「軽さ」である。自己帰属感を伴いながら、動かしやすい、編集しやすく、可逆性があり、試行錯誤しやすく、イテレーションが止まらないほど常に回りやすい状態である。

それは、UIがただ軽快なだけという作業の軽さだけではない。つくり方も軽くなる。たとえば、生成AIが提案するものを調整する。生成AIと対話をしながらつくる。生成AIのUIはテキストによるプロンプトから始まったが、何かのパラメータをスライダーバーで調整するようなUIもありえるし、自分の表情や心拍、視線情報などの生理的な情報を利用して、生成の方向性に影響させることもできるだろう。それらセンシングはすでにスマートウォッチで取得できるし、表情はカメラから取得できる。視線取得についても技術的な課題は特になく、いくつかのHMDには視線取得できるセンサーが内蔵されているし、一般的なウェブカメラにおいても簡易的な視線トラッキングは可能となっている。

CUIからGUIになり、操作可能なメニューが提案されていることが、わかりやすさ、使いやすさにつながった。飲食店にたとえると、CUIのときはメニューすらなく、何ができそうかを客がある程度考え、料理人に都度命令するようなかたちだったが、GUIになると、店のメニューがあって、そこから選ぶだけになる。CUIに比べると組み合わせの自由度や柔軟性は減るが、選ぶだけで簡単となる。悩みはどれを選ぶだけになる。さらに生成AIになると、利用者の気分や状況も踏まえながら操作性を超えて直接操作対象の生成と提案が可能になる。飲食店のたとえを使うなら、生成AIが入ったUIになると、選ぶこともできるしアレンジもできる、何なら試食までできるようなレベルといったらいいだろうか。ああ、これいいね、これをもっと食べたいと、結果により近いところで提案とキャンセルのイテレーションを回せるようになる。

また、想像世界に近いものとして、最初に触れたようにヴァネヴァー・ブッシュのMemexからはじまるハイパーテキストがある。それは日々みなさんが目の前にしているウェブ（World Wide Web）であり、これは人類の記憶拡張機であり、連想装置ともいえ、想像や思考の原理に近い。ウェブはHTMLという言語で書かれている。HTMLとはハイパー・テキスト・マークアップ・ランゲージのことで、「ハイパーなテキスト」が特徴である。

ウェブのインタラクションの特徴は、ハイパーリンクで関連する情報に飛べることで、それはそれまであった情報を管理する考えとは異なり、人間の並列的なものの見方と何かを結びつける能力を活かすコンセプトが背後にある。今となっては当たり前で不思議に感じないかもしれないが、ウェブによって人々の知識が結びつき、連続的で連想的な情報受容や発信ができるようになった。

他にも想像世界をメタファとすることのよさがある。それがプライバシー的な側面である。先ほど述べたとおり、想像世界は他人に共有されない、安心できて心地よい自分だけの自由な世界である。つまりそのパーソナル性を活かして自分だけの世界をつくる方法や装置のUXとしてもよい見立てになるはずだ。すでに今、個人情報やセキュリティへの意識が高まっている。思考の道具へと近づくこの装置は、私たちに自由に考えることを侵害されない人権があるように、より個人に寄り添い、個人のための世界として、閉じている場所としての安全と安心の提供を目指すことができる。

さらに、発展が進むVR、AR、MR系のHMDについていえば、頭に装着する装置であることもまた想像との親和性につながる。道具のメタファを利用することはメタメディアでは一つの答えだったが、メタバースでは身体含めて世界体験を設計できる。そのため、道具モデルのメタファはあまり適切ではない可能性がある。また、人の感覚を包含するVRでは統一的なUIというより、マルチバースでその都度世界に合わせたインタフェース、インタラクションが体験を生み出すことになる。一方で、現実世界の重畳を表示し、物理世界を拡張提示するAR、MR系においては、UIやインタラクションには何らかの共通してわかりやすいメタファがあったほうが望ましい。その想像世界らしさをソフトウェアのＵＩやインタラクション設計、あるいはメタバースとされるような世界体験の設計に落とし込んでいくことが、これからのメタファ、見立て、つくり方となる。また、それは私たちが生きる世界、社会のつくり方のメタファにもなるはずだ。

5-8

ＢＣＩと頭の中の身体性の可能性

物理世界のメタファは制約があり、かつ身体性への回帰が難しいからといって、次のメタファを想像世界にするというのは何か突拍子もない抽象的な話にも聞こえるかもしれない。しかし筆者の研究室では、この想像する行為自体をインタフェース、インタラクションとする方法に少しヒントとなる研究が生まれ始めている。

たとえば脳波計測器を使い、心的イメージをコントロールすることによって脳波を安定化し、コンピュータの制御に使う研究を始めている。それがＢＣＩ（Brain Computer Interface）である。ＢＣＩとは脳の活動をセンシングすることによってコンピュータを制御する方法である。脳については明らかでないことも多いものの、人間の思考状態に応じて特定の脳波やパターンが発生することがわかっており、それを脳波計で検出できる。研究室では、この原理を利用して心的イメージをうまく持たせる、利用することによって、脳波パターンを制御し、それをコンピュータの制御に使っている。

脳波計は脳活動から生まれる微弱な電位差を計測するものであるが、脳活動の取得といっても頭皮から計測することもあり、微弱でノイズも入りやすく、特定の脳波の検出がうまくできているかすら判断が難しく、またそこからパターンを探ることも困難だった。しかし機械学習を用いることで、膨大な脳波データからパターンを抽出し、その識別精度を向上させることが可能になった。ＢＣＩの研究は、昨今の機械学習の発展とその組み合わせによって新たな可能性が開けてきている。

ただし、機械学習を使っても人間の脳活動状態を安定させなければその識別は難しい。また、脳活動でコンピュータを制御しようとしたときに、ある程度意図的に自分でコントロールできなければ「コンピュータを制御している」感覚は得られない。意図をうまく反映するためにも、人間にとってうまく制御できる方法の提供が必要である。

ではどうやってやるのか？　それは単純には、何かを頭の中や心と呼ばれる場所でイメージする、つまり心的イメージを想起するのである。イメージすることで、ある特定の脳波パターンが発生する。

面白いことに、この心的イメージは人間の感覚器や身体に対応するようにあるとされ、たとえば視覚イメージ、聴覚イメージ、発話イメージ、運動イメージなどがある。運動イメージは当然身体の形状に関係する。脳波でロボットアームを動かせたといったニュースが報じられたことがあるが、たとえば「右手を上げるイメージをする」という運動をイメージすることによって制御する。

こう書くと、「考えるとそのように制御できるのか！」と思うかもしれないが、そこまで自由ではなく、脳波の特徴量を事前に機械学習で分類モデルに学習させ、同様の脳波が検出された場合に動作をトリガーする仕組みである。さらに、事前に十分なデータを収集し、精度を高める必要がある。したがって「思ったら何でもそのように動く」というわけではない。また脳波のパターンは個人差があるため、事前の学習は個人ごとの最適化が必要な部分もある。

現状、制約はあるものの、ＢＣＩが本質的に興味深いところは、心的イメージによって発生する脳波の特徴が変化することである。しかも心的イメージは感覚器や身体と関係している。脳には視覚野、運動野、聴覚野があり、イメージするだけでもそれが活動する。先に、身体性への回帰は、インタフェースやインタラクションにおいて一つの目標であったが、それが身体的疲労などの点から必ずしも理想状態とはいえないことについて述べた。しかし、この心的イメージの性質はどうだろう。身体的感覚やイメージは利用しながらも、少なくとも身体的疲労はない。筆者らはこのＢＣＩの研究を通じて、身体性が脳内イメージ、心的イメージの利用において、直感性を提供する可能性に魅力を感じ始めている。

BCIxD

筆者の研究室では、こうしたＢＣＩについて「ブレインコンピュータインタフェース」という次元から、「BCIxD（ブレインコンピュータインタラクションデザイン）」という次元がある可能性について検討を始めている。すなわち、脳とコンピュータのインタフェースの話ではなく、脳内活動や心的イメージの中のインタラクションという視点である。

BCIxDでは、心的イメージを操作し、安定した脳波のパターンの生成をいかに実現するか、それを使って何ができるのか、どういう体験をもたらすかについてさまざまな模索をしている。その一つのプロジェクトを紹介する。それが「オノマトペBCI」である。

先ほど、心的イメージには人間の感覚器や身体に応じたものがあることについて述べたが、これらの感覚イメージは組み合わせができる。生成ＡＩでも「マルチモーダル（多感覚）」と呼ばれる画像や音での入力・生成があるように、心的イメージにおいても感覚イメージを組み合わせることができる。そこで筆者らは、オノマトペ（擬音語、擬態語）を視覚イメージと組み合わせる方法を提案し、検証している。

具体的には、脳波トレーニング時にたとえば回転するキューブを見ながら、頭の中で「くるくるくる……」と脳内で発声のイメージをする。脳内の発声は内言と呼ばれる。トレーニング後は、実際にキューブを回転させたいときには、脳内で「くるくるくる……」と内言しながら回転イメージを思い出すと、眼の前のキューブが回転し始めるというものである。現在研究中ではあるが、実験したところ、この方法は体験者の認知負荷も低く、脳波としても回転を検出できることが確認できている。

筆者らはこの方法を応用し、たとえばＶＲやビデオゲームでのキャラクター操作に「トコトコトコ」で歩くとか「タッタッタッ」で走るとか、「ピョンピョンピョン」でジャンプをするなどを試しており、実際に動作を確認している。この中で個人的にお気に入りなのは、魔法の発動である。たとえば「メラメラメラ」は炎のオノマトペであり、「メラメラメラ」と内言すると炎の魔法が発動できる。「ビリビリビリ」は電気や雷のオノマトペとして電気的な魔法が発動できるというものである。現状個人差はあるが、ビデオゲームという状況になると、うまく発動できないこともまたゲームとしての面白さが出ており、実験参加者も「魔法使いの苦労がわかったかもしれない」などの感想を述べている。

イメージで操作するということは、曖昧なところもある。身体的負荷をかけずに、たとえば腕に筋電計を装着し、力を入れれば魔法が放てるといったこともやろうと思えばできるし、そのほうが精度はよく出るかもしれない。しかし何より、イメージで操作することは気分がいいのである。気分的な合理性がある。つまり「それっぽさ」のようなものがある。頭の中で炎をイメージしたら、炎が目の前で発動されるのは理にかなっており、驚きもある。また、頭の中でオノマトペの利用がそれを拡張し、いわゆる「念じる」ような体験のインタラクションとなる。

ＢＣＩというと、人間の思考そのものが読み取られ、それが使えるようなイメージをするかもしれないが、限定的にして工夫をすればさまざまな使い方が可能であり、未来のインタラクションのあり方の一つの方向性になる可能性がある。筆者らはオノマトペをはじめさまざまな心的イメージのためのインタラクション技法の研究を現在も続けている。

なお、脳波測定器というと高額なものをイメージするかもしれないが、現在では千ドル（十万〜十五万円程度）で購入できる。実際、筆者らもその価格帯の脳波測定器を利用している。検出できる脳波は限られてくるが小型のイヤフォン型の脳波計測機器もあり、近い将来にはイヤフォンと統合し、日常的に利用しやすい形になるだろう。さらに脳波計測には、「侵襲型」と呼ばれる、電極を頭部に刺すタイプのものもあり、こちらはより精度のよい脳波が取得できる。ただし身体に負荷がかかるため、安全性や倫理面などの課題がある。

こうしたものはまだまだ実験室レベルであるが、いずれ実用化し、使いやすいかたちになる可能性がある。また、逆に脳に微弱の電流を流すことによって音や映像を送り込むこともできる。これについてもまだまだ研究レベルであるが、それができるようになると、たとえばディスプレイやスピーカーがなくても、ある視覚イメージ、聴覚イメージを心的にイメージできるようになる。あるいはやり方によっては実際に「見えている」「聞いている」のと同様レベルの体験をもたらせる可能性がある。何よりＢＣＩに必要なのは、「イメージ」である。そこに質量はない。「軽い」のである。

5-9

軽さへ

本章では、これからのコンピュータ、デジタルのあり方について考察した。物理世界とデジタル世界は対比されることが多く、その呪縛は強いものであった。インタフェースやインタラクションは身体性を獲得するためにさまざまな検討が行われたが、私たちはどうやらもっと都合のよさを要求するようである。そこで本章では、物理世界とデジタル世界の対比ではなく、初期のパソコンのあり方やウェブのあり方が人間の思考原理や想像原理を参照していたことから、そこに「第三の世界」として想像世界を置いた。想像世界を置き、それぞれの世界の特徴についてまとめ、メタファ、参照先として想像世界の可能性について考察してきた。想像世界は、まさに都合のよさの塊のような世界である。自由な世界であり、どうやら「軽い」のである。そしてそれは、コンピュータの操作でも設計可能で実現でき、実際そういうものが望まれているところがある体験でもある。軽さは、デジタルが持つ性質を活かす、そして人間が期待する体験としてちょうどいい指針なのである。「体験がない」のではなく、自分が関わりながらもできる限り都合よく事が進む体験が欲しいということ、それを表すのに「軽い」や「軽さ」は都合がよいのである。

さて、次章では、この「軽さ」をキーワードに、デジタル、ソフトウェアによるものづくりやその産業を捉える「超軽工業」を提案する。超軽工業は、これまでのものづくりの産業からソフトウェアによるものづくりをつなぎ、インタフェースやインタラクションの設計を含むソフトウェアものづくり分野の輪郭を再定義する。

第6章

超軽工業へ
～ウルトラライトインダストリー

6-1

前章では、これからのインタフェースやインタラクション設計において、想像力や心的イメージの特徴をメタファや設計に参照することを提案し、特に「軽さ」が体験としてちょうどよいコンセプトとなることを示した。本章ではこの「軽さ」をテーマに、デジタルが前提となる二一世紀のものづくりの本質を捉え、人工物としてのデジタルの可能性と価値を適切に受け入れる方法を探る。

6-1

「つくる」ことの変容

二〇世紀までのものづくりに、二一世紀はプログラミングという方法が明確に加わった。画面を中心としたUIだけでなく、VRやメタバースを対象として「つくる」ことも加わり、それまでの物質のものづくりとは異なる方向に進んでいる。しかし、これらは同じ「つくる」でも感覚が大きく異なる。ものづくりの二〇世紀からすれば、コードを書くことが中心の「つくる」には違和感がある。材料の調達が不要で、力も不要で、怪我のリスクもなく、汚れることもない。椅子に座り画面に向かいながらキーボードを叩くのみである。これまでの業態からすれば、楽をしている、遊んでいると見られることもあった。さらに完成したものは画面の中で動き、流通はDVDやインターネットを通じて行われ、物質はそこにない。そのため、IT産業を「虚業」と呼ぶ人もいた。

どうやら、二〇世紀の物質中心の世界には、ソフトウェアの手法や価値はうまく伝わっていないようだ。

ハード内部の組み込みソフトウェアは理解が得られても、ソフトウェアとそのインタラクションによって人の体験を創出する方式は、特に物質が中心だった日本のものづくりの感覚としては異質なのか、どうにもうまくつくれない、「つくれなさ」みたいなものが感じられるところがある。

筆者の身近な例だが、あるラーメン店が券売機に大きなタッチディスプレイを導入し、電子マネーやＱＲコード決済などを取り入れた。しかし、表示、表現とも質が悪く、操作の流れも理解し難いもので愕然としたことがある。積極的にタッチディスプレイにしているというより、仕方なくそうしているかのようにも感じる。

一方、日本ではビデオゲーム産業やその関連の文化が強いし、優れているところがある。しかしそれが逆に、ソフトウェアとそのインタラクションによる体験や生活の創造が、ある種ゲームのように捉えられているのかもしれない。ＧＵＩが普及し、画面にアイコンが並ぶ姿は、一部の人にはゲームやおもちゃのように見え、それが私たちの生活や文化を形成する中心になることに違和感を持つ人がいるのかもしれない。おそらく現在も、このような考えを持つ人は一定数存在する。

とにかくデジタルは人間にとって異質な存在であり、冷たく固く非人間的なもの、もしくは部分的にはネガティブな意味でのおもちゃとして、長年あしらわれてきた。そのイメージは強く、毎日のようにデジタルに支えられ、スマホを利用する人でさえ今もなおそうしたイメージを持つ者も多い。

また、ソフトウェアの設計において物質世界を理想郷としメタファとして利用してきたことは、それが普及に貢献する優れた方法であったとしても、ことさらに物理世界の価値を誇張し、デジタル独自の理想イメージの探索と共有を阻んでしまった可能性もある。

こうしたイメージは徐々に払拭されているとはいえ、物質中心、物質前提の製造業とともにあった産業社会が、デジタルをどうポジティブに受け入れればよいのかは喫緊の課題である。DXをうまく進めるためには、まずはポジティブなイメージがなければよいアイデアも出ない。

本章ではデジタル産業を、これまでの産業における軽工業や重工業という「重さ」を軸に据えた工業の流れに位置づけ、質量ゼロのものづくり「超軽工業」と定義する。これにより、情報技術や情報産業として議論されてきたソフトウェア、アプリ、UI、インタラクション、UX、AR、VR、メタバース、パーソナライゼーションといった対象や手法を、二〇世紀から連続する「豊かさの追求」と「効率的な人工化」の最先端として、新たな視座で再解釈する。

6-2

軽工業・重工業・超軽工業

工業には、軽工業と重工業（重化学工業）という分類が存在する。軽工業と重工業の区別をいつ誰が明確に使い始めたのかは明らかではないが、オックスフォードの辞書によれば、「軽工業（light industry）」は一九一〇年代にはすでに利用されていたとされる。軽工業は繊維や紙、食品加工などを指し、「重工業（heavy industry）」は鉄鋼、造船、自動車製造、産業用機器などを指す。一般的に、重工業のほうが設備投資が大規模である。これらの工業の分類は、小学校の社会科の授業でも学ぶ基本的な知識である。

日本では、戦前は軽工業が発展していた。戦後、重工業に力を入れ、ものづくりの国としての地位を確立した。重工業は、近代化の過程での産業の基盤であり、近代の象徴でもある。この背景を踏まえ、ソフトウェアも徐々に産業基盤としての重要性を持つようになっていく。第五世代コンピュータを牽引してきた一人である渕一博氏は、一九六九年に「情報重工業」「ソフトウェア重工業」と呼び、廣瀬通孝氏は九〇年代に情報技術をサーバー設備や通信網などのインフラレベルで考えれば、重工業に該当すると述べた。また、工場や建築など従来の重工業の中にも情報技術が取り入れられ、人との接点をつくる部分には多くのハードウェア要素があり、それらを社会基盤としようとするならば、それは重工業的であると捉えるべきだと考察している。たとえば、廣瀬氏は次のように言及をしている。

最近は、ちょっと中間で言いましたけど、メディア重工業ということを言いましてね、今、いわゆるブームになっているマルチメディアというのは、ある意味で非常に軽いんですね。まだ、ブラウン管とキーボードだけあれば話が済んでしまうような情報の世界であります。ただ、バーチャルリアリティというのはですね、やっぱりそれから比べるとはるかに重いんですね。実際の、例えばこれなんかだと運動力学と情報力学が一緒になったような世界であるし。

（舘暲、原島博、伊関洋、伊福部達、河口洋一郎、廣瀬通孝、佐藤誠、岩田洋夫『設立総会報告』（日本バーチャルリアリティ学会誌、Vol.1、No.1、1996　https://doi.org/10.18974/jvrsj.1.1_7））

「情報にはエネルギーも質量もない。」とはよくいわれる言葉ではあるが先述のように、それは思考実験においての話である。一つ一つの情報の担体がいくら軽薄短小であろうとも、それがゼロでないかぎり、大量に集合すれば、全体としては無視できないスケールにまで膨れ上がることになるのである。

（廣瀬通孝『メディア重工業の誕生』（日本機械学会誌、Vol. 99、No.937、1996））

渕や廣瀬の考察は、ソフトウェアが虚業的と見なされることへの反応として、またそれまでの技術と比較して軽薄であると見なされることに対する危機感から生まれている。ソフトウェアや情報技術に対する疑念や不安は、その発展の初期段階から存在していたことが理解できる。

重工業という用語は、産業革命以降の軽工業を経ての経済発展を象徴するものとして採用された。そうすることで、情報技術の産業基盤としての重要性を表現し、情報技術やVRの意義を広く伝える目的があったのだろう。しかし現在、産業基盤としてのその重要性は、GAFAMと呼ばれるアメリカの企業が中心となって体現している。この変化は、渕がかつて示した警鐘のとおりのものである。

これらの考察は、産業経済における重工業の重要性を強調しているが、本書の視点は異なる。本書が注目するのは、先人たちが工業を「重さ」で分類した点である。実際には重さというのは曖昧なところがあり、分類することは厳密には難しい。そのため、「軽工業」「重工業」は比喩表現ではあるだろう。しかし、その分類法はものづくりの規模や性質の理解を促す。

この重さで分類する視点を、ソフトウェア産業、ウェブサービスの開発、VR、メタバースに当てはめてみよう。そうすると、それは軽工業以上に軽い材料を扱うものとして位置づけられる。廣瀬氏はメディアについて、「マルチメディアは非常に軽く情報にはエネルギーや質量がない」ことについて言及しながらも、軽工業と重工業の歴史的枠組みから重工業を目指すべきと言及しているが、軽さについては認めているところである。

これらの視点を踏まえ、工業を軽工業と重工業で分類する既存の枠組みに積極的に従うならば、非物質的で質量を持たないソフトウェアやサービス、ビデオゲーム、メタバースの設計を「超軽工業（ウルトラライトインダストリー）」として位置づけることが可能である。そうすることで、それらを情報産業として異質に捉えるのではなく、二〇世紀から連続する豊かさの追求と効率的な人工化の最先端として解釈することができる。アップルやグーグルはソフトウェアやサービスを中心に展開しながら、そこにハードウェアも展開する。従来の工業とはソフトとハードの関係が逆のような状態となる。こうした企業、活動は基盤的に見れば渕氏や廣瀬氏が述べるように情報重工業、メディア重工業的ともいえるが、利用者視点から見ると超軽工業的である。

さらに、デジタルメディアは質量がゼロかもしれないが、インタフェースによっては、そこにインタラクションが存在し、感覚が完全に失われるわけではない。先人たちが「重さ」で工業を分類したことは、インタラクションの観点から見ても有益であり、「重さ」は人間の身体感覚を含んでいる。デジタルメディアには質量はないが、そのインタフェースやインタラクションということになれば、そこにはなんらかの感覚や体験が発生する。この事実は、質量はないが体験があることを示す言葉として「超軽い」という表現がふさわしいところである。

以上の論点を総合すると、超軽工業という概念、捉え方は、現代および将来の産業において示唆的である。従来の物理的な重量に基づく産業分類に、情報技術の持つ「さらなる軽さ=超軽い」の点を加え、それをもって新たな価値創造の源泉とする。工業時代に続く情報産業、情報時代は、異質に見られるが、目指すことには一貫性があり、結局のところは産業革命の発端でもある資源の課題、効率的で持続可能な人々の豊かな社会生活を模索する人工化の議論なのである。

コンテンツやサービス、AR、VR、メタバース、そのユーザインタフェース、インタラクション設計といわれると、物質ではないことへの毛嫌い、疑念、理解し難い何か、虚構のようにみえ、どことなく構えてしまうこともあったかもしれないが、人工化の効率と持続可能性を求める点では、それまでの工業における人工化と同じ流れにある。目標、夢見ていることは実は極めて近い。そして、ならばよくある「フィジカル対デジタル」の議論は本質的ではなく、優れた人工化と豊かさという論点で議論を進めるべきなのである。だから前章にて、想像世界を置くことを試みたし、また、本書の冒頭でDXPX両方を扱いながら人工化のあり方を論じた。なお、人工化のあり方については、また最終章にて議論していく。

「プロダクト」の変容

このように、超軽工業という概念を通じて、デジタル時代の産業の理解を深め、未来に向けた産業の発展に対する洞察を得ることができる。デジタルメディアがもたらす「軽さ」を活かした新しい形のものづくりは、経済だけでなく、文化や社会においても大きな変革をもたらす可能性がある。超軽工業は、単に産業の分類を超えるだけでなく、人々の生活や働き方、さらには社会全体の構造を変える力を持っている。最終的に、超軽工業は現代におけるものづくりのあり方を根本から問い直し、情報技術の進展によって拓かれる想像と同様な無限の可能性を探求する枠組みを提供する。より持続可能で人間中心な社会への転換を促す力を秘めている。

そして、超軽工業という概念によって、現代の開発現場や人材の状況に関する特定の問題を整理できる。「プロダクト」というラベルの問題である。デジタルサービスやソフトウェアを「プロダクト」と呼び、それをデザインする人を「プロダクトデザイナー」と称することについての議論が存在することを知る読者も多かろう。最近では、ソフトウェアを「プロダクト」と呼び、UIやUXを手掛けるデザイナーを「プロダクトデザイナー」と呼ぶことが一般的になっているが、これが従来のハードウェアのデザインを担当するプロダクトデザイナーと同じ呼称になることが、一部で混乱や反感を招いている。しかし、ソフトウェアやサービスの開発も、質量がゼロであるとしても、それはものづくりであり、超軽工業の観点からはそれを「プロダクト」と呼び、関わる人々を「プロダクトデザイナー」と呼んでもよい。あるいは、「ウルトラライトインダストリアルデザイン（デザイナー）」とも呼べるだろう。コーディング、UI設計、メタバースのためのCGモデリングなどの制作活動は、質量がゼロのものづくりといえるわけである。こうした衝突は、まさにフィジカル対デジタルという構図、認識がもたらすものであり、人に優れた体験をもたらす人工化を提供する仕事、領域としてみれば、ともに「デザイナー」と括ってしまうことが可能である。

超軽工業へ

二〇世紀は軽工業と重工業の時代だったが、二一世紀は超軽工業の時代である。繊維や鉄ではなく、デジタルやピクセルを使って直接人の体験に影響を与える方法でのものづくりが、超軽工業の本質である。ただし、今の時代にあえて「工業」という言葉を使うことはやや古い感じもする。それは、情報化社会への脱工業化が進んでおり、サービス化の方向が示されているからである。そうした文脈では、「工業」という言葉が少々的を射ていないように感じられるかもしれない。

しかし、超軽工業はサービス化を否定するものではなく、むしろそのプロセスの中にGUI設計、UI設計、UX設計、インタラクションデザインを位置づける。そのための独自の工法さえある。ものづくりにおいてソフトウェアの力が増し、社会はDXを掲げるにもかかわらず、それを体系的に学ぶ枠組みはない。そもそも体系すら実はわかってないのかもしれない。

こうしたものづくりには、工学、情報学、美学と、さまざまな大学や学部に分散された知見が必要となる。

もちろん情報技術を学ぶということについては理工学部や情報系学部がその役割を担っているが、アラン・ケイが述べるような、その上での自由、メタメディアを設計するための考え方は少し性質が違う。そして、そうした領域は広がっている。たとえば、VRやメタバースだ。VRやメタバースを扱うには、その空間をどのように世界として構築するかを考える必要があり、そこには設計や工法、それに伴う知識やノウハウが必要である。情報技術を用いたサービス化が進む限り、利用者との何らかのインタラクションやインタフェースが必要であり、そこに存在するメディアには特定の工法が存在する。超軽工業というラベルを用いることで、これらの活動に共通する工法的な特徴を見出せる可能性があり、さらには、これからのものづくりの方向性を導くことができるだろう。

では、具体的に超軽工業としたときの、デジタルメディアの設計や工法について特徴を整理してみたい。

6-3

超軽工業とは何か——物理原理から知覚原理へ

それでは超軽工業の具体的な特徴とはなんだろうか。まず端的には、デジタル情報およびデジタル技術を利用した人間の知覚や認知原理法則に基づく設計や工法を特徴とする工業・産業（ものづくり）、あるいはその学問である。従来の工業は、物質に基づくため、物理法則や物の性質を前提とする。そのため、物理学や化学など、物性の理解を通じて設計、製造へと応用することが基本である。一方で、超軽工業はモノの性質を前提としない。コンピュータのハードウェアは自然物理法則に依存しておりその制約を受けるが、序章で紹介したアラン・ケイの言葉どおり、コンピュータ上では自然法則や物理法則から切り離すことができる。コンピュータは、人間の想像に依存する、自由で楽しく高い表現力を持ったメタメディアである。

このメタメディアは、人間の視覚や聴覚に対応するヒューマンインタフェースを持つ。たとえば液晶ディスプレイやスピーカー、他にも触覚や味覚など多様な感覚を扱うインタフェースが研究開発されている。これらの多種多様なインタフェースを通じて、ある特定の表現としてメタメディアの存在を私たちは認識している。そして、あたかもそこに空間や世界があるかのように表現できるようになっている。そのインタフェースを通じたあちら側とされる世界、メタメディア上の世界には、物理法則や物性はなく、知覚や認知に基づく〈ものづくり〉となる。しかも、テレビ映像のように見るだけではなく、タッチパネルやマウスやキーボード、ＨＭＤなどのヒューマンインタフェース装置によって、触れること、操作することができる。つまり介入を実現する。そして、「生身」と呼べる〈私〉と「画面の中」と呼べる〈場所〉とのインタラクションが生まれる。このインタラクションは、「自分がやった」という運動主体感や「自分の」操作する対象であるという自己帰属感を生み、体験現象を生起させる。

ゲーム

超軽工業という文脈では、ビデオゲームはその先行事例である。ビデオゲームはエンターテインメントとして、開発者らの自由な想像によってこれまでにない体験を提供してきた。実在はしないキャラクターを自分が操作でき、キャラクターになって画面の中に表現されるCGの世界を動きまわることによって、物理世界とは異なる新たな体験を人々に提供してきた。イェスパー・ユールは『ハーフリアル』（ニューゲームズオーダー、2016年）という著書において、ビデオゲームの体験について「半分現実、半分虚構」と述べ、ゲームをプレイすること自体の事実（勝ち負けやインタラクション）は現実だが、ゲームに現れ、戦う、たとえばドラゴンの存在は虚構的であると言う。つまり、インタラクションが生み出す体験には虚構性はない。むしろメディアがインタラクティブになったことによって、虚構的表現、想像的空想的世界、もしくは実在しない世界対象に対して入り込める感覚を提供できる。この事実をユール氏は指摘しているのである。

このようにビデオゲームは情報技術をうまく利用し、人々に創造的空間世界の体験を提供可能にする仕組みを持っており、その性質を引き出すための工夫が施されてきた。そういう意味では、ビデオゲームは超軽工業において最も先行的で参考にすべき分野である。ただしビデオゲームは、その目的が主にエンターテインメントである。そのため表現の点においては誇張的で、コストをかける部分はエンターテインメントに最適化されたものである。したがって、一般的な仕事や生活などを想定したアプリケーション開発において単純に真似すればよいというわけにはいかないため、うまくエッセンスだけを取り出す工夫が必要である。

VR

さて、次にVRはどうだろうか。VRはビデオゲームよりもさらに自由である。画面を対象としてインタラクションするのではなく、視覚をすべて覆い隠し、レンズとスクリーンで構成された装置と動きを連動する。体験としてはそのレンズとスクリーンは意識されず、「自分がその世界にいる」ような感覚を提供できる。VR空間の設計においては現実世界の物理法則に縛られる必要はなく、むしろデジタル空間の自由度を活かした設計が可能である。重要なのは、物理的な制約よりも人間の知覚の理解である。VR空間が提供する体験に一貫性を持たせるためには、人間がどのように世界を知覚し、認識するかを深く理解することが求められる。

ここでは、物理法則は前提ではなく、あくまで「表現の規則」として機能する。デジタル空間の設計は自由であり、物理世界の利便性を超えた価値を追求することが一般的である。そのため、地球上と完全に同じ空間や操作方法を再現することには必ずしもメリットはない。

例として、VR空間やメタバースの中で「人間の形をしたアバターが移動する」表現を考えてみよう。人間の形をしている場合、移動方法は自然と「歩く」という行為が基本となりがちである。しかし、このような現実世界を模倣した動作を再現することが常に望ましいとは限らない。VR空間の中での活動をより効率的に行うためには、移動を省略するほうが適切な場合もある。どこまで現実世界の動作を省略するか、そして省略した結果としてわかりやすくなるのか、あるいは不快感が生じないだろうか、こういった設計上の判断には、人間の知覚や認知の特性に対する深い理解が必要となる。

これは非常に難しい課題であり、本書で見てきたように、「普及」のためにあえて現実世界を模倣するメタファを採用することも戦略の一つである。そのためには、知覚認知の原理に加えて、理解しやすいメタファの使用も効果的である。

知覚に基づくものづくり

超軽工業の第一の特徴として知覚原理に基づく設計であることを述べた。そしてその事例として、ビデオゲームとVRを例にその考え方を述べた。超軽工業では、よりよい体験をつくるために人間の知覚認知を十分に理解し、その上でその仕組みをハックするような手法が求められていく。主には、デザイナーやものづくりに関わる人がその役割を担うことになる。これは、これまでもそういうところがあった。たとえば斬新な体験を与えてくれるウェブデザインやUIは技術から生まれるだけではなく、人間の知覚理解やそのハックから生まれる。デジタルには物理法則や物性がない以上、プログラムによるコーディングと知覚の理解が存在感や体験を与える源泉となる。

筆者の前著『融けるデザイン』では、自己帰属感をはじめ、人間の知覚と行為の観点からインタラクションデザインについて詳細に述べている。十年前の著書となるが、振り返れば、これは知覚原理をうまく利用することで、質量ゼロでありながら実在体験を得るための設計指南書であった。

そして知覚原理の利用はさらにより強く求められる流れがある。たとえば前章で紹介したＢＣＩがその例である。ＢＣＩは、脳からの信号を利用して対象を操作・制御するだけでなく、外部からの信号や情報を脳に直接送信し、目や皮膚などの感覚器を介さずに体験を生み出す試みである。

このような方法が広く実用的に使われるようになるまでには、まだそれなりに時間がかかるかもしれない。ただし、重要なのは「人類が人間の感覚、知覚、認知に対してピンポイントで情報を提供する方向性」に、ある種の魅力や期待を抱いているという事実である。つまり、物質的な世界よりも、情報のやりとりによって体験が得られることに対する自由への期待が存在する。このアプローチが、コンピュータのユーザインタフェースやＶＲなどのデジタル技術の成功の基礎を形成してきた。そして、これらの技術により、三次元的な世界を非常に低コストかつ体積や質量なしで再現することが可能となる。超軽工業は、物性に基づく「つくる」ではなく、知覚に基づく「つくる」なのである。

二〇世紀末から始まったユーザインタフェースのデザインやＶＲの設計に関する研究は、モノの属性理解や物理法則ではなく、人間の知覚メカニズムの理解に基づいている。実際、このような知覚に基づくピンポイントでのものづくりは、コンピュータが登場する以前から物質においても行われていた。この設計の考え方は、人間の知覚にとって本質的なものともいえる。たとえば、建築における突き板（合板）がある。突き板は、木材をスライスし合板に貼り付けることで、認知上は分厚い木の板に見えるようにしたものである。また、室内では壁紙を用いて、元の素材とは無関係に印象をコントロールできる。このように、多くの製品や建築では表面と中身が異なることを利用してきた。プラスチックも表面に特殊なパターンを施すことで質感表現を行い、豊かな触感や視覚を提供してきた。この方法は、物質世界という限られた資源やコストの中でも、人にとって高品質な印象を与える手法として広く用いられている。これは超軽工業の技法「サーフェイスの原理」といえる。ではより具体的にみていこう。

6-4

超軽工業の考え方1――サーフェイスの原理

超軽工業の考え方の一つとして、「サーフェイス」が挙げられる。これまでのものづくりにおいて、人類は「表面を工夫することで本物と同様の感覚を与えることが可能である」ことを発見し、実践してきた。見た目や一部の触り心地といった体験は、表面で起こる現象である。

「表面的」という言葉はネガティブに捉えられがちであるが、実際には私たちは表面しか知覚することができない。ネガティブな印象が生まれるのは、その表面に伴う構造や挙動の性質の理解を軽視するような経験的・比喩的意味合いにおいてであり、知覚的な側面からではない。初見において中身は知覚することはできず、表面の知覚から推測するしかない。この表面的な知覚は、映像やピクセル表現を行うディスプレイのアイデアの極致である。

知覚心理学者のギブソンは、環境をサーフェイス（表面）、ミディアム（媒体）、サブスタンス（物質）の三つに分けた。このとき、人間の視覚にとって最も重要なのはサーフェイスであり、人や動物は基本的には

サーフェイスしか知覚することができないことを指摘した。[※8]

こう聞くと、「中身」も私たちは見ることができるのではないかと思うかもしれない。しかし、「中身」を見るという行為も、実際には「そのサーフェイス」「その表面」を見ているに過ぎない。たとえばリンゴが写真に写っているとしよう。リンゴを切れば中身が見えると考えるだろうが、実際にリンゴを切ったときに現れるのは「切られたリンゴのサーフェイス」である（図16）。私たちはリンゴに中身があることを知っているが、中身を直接知覚することはできない。これはリンゴに限らず、あらゆる物質と人間の視覚の関係において当てはまる仕組みである。

※8　J.J. ギブソン『生態学的視覚論―ヒトの知覚世界を探る』（古崎敬 訳、サイエンス社、1986年）

図16　切ったリンゴのサーフェイス部分が知覚できるのであって、中身を知覚しているわけではない

テレビやコンピュータスクリーンが二次元平面でありながら、人々に一定のリアリティを提供できるのは、私たちが物質であっても表面しか知覚できないからである。3D CGでは表面のみが表現されており、見えていない部分の処理は省略されることが多い。コンピュータグラフィックスでは、計算上の負荷を考慮して、知覚的に破綻しない範囲での省力化が施されている。

物理世界では、サブスタンス（物質）を作らなければサーフェイス（表面）をつくることはできない。物理世界では、サブスタンスとサーフェイスは一体のものとして存在する。しかし、コンピュータの世界では、物理世界で不可欠であったサブスタンスを省略し、サーフェイスのみで設計することが可能である。コンピュータで構成されるサブスタンスのようなものは、実際にはサーフェイスのみで構成されており、私たちはそこからサブスタンス感を得ている。

私たちは、2Dの次は3Dである、3Dこそよいというイメージを持ちがちであるが、立体的に見えるということと3Dで構成することは等しくはない。サーフェイスの原理から考えれば、3Dでつくることの利点は、多数視点のサーフェイスを容易に提供できることである。かつてより奥行きや空間表現は手描きのアニメーションでも表現可能であった。しかしそれはコストが高く、たとえばあるキャラクターの正面と斜め、横からの顔や身体を表現しようとすれば、その都度描く必要があった。しかし、3Dモデルをつくればインタラクティブに視点を変えることで、そのモデルにおける多数の視点を容易に得られるようになる。つまり、一度3Dモデルを制作すれば、キャラクターのさまざまな多視点（二次元画像）が容易に得られる。

「人間の視覚の原理上の3D感覚」と「3Dモデルである」ということは、必ずしも結びつかないところがある。かつてRPGソフトにおいて、フィールドは3D空間表現になっているものの、樹木は3Dモデルでつくられておらず、キャラクターの動きに合わせて常にスクリーンに正面となるように表現されていたものもあった。いわば一種の手抜きとも捉えられる方法だが、人間の知覚の仕組みを理解していれば、3Dモデルを作らずとも3D的体験の提供ができる。こうした「知覚上で成り立っていればよい」設計について私たちはもっと知る必要がある。ひいてはそれがコンピュータの計算リソースや電力の節約につながる可能性がある。また、そもそも三次元という考え方は一種のメタファ的なものであり、コンピュータ上では一つの表現でしかないと認識すべきだろう。

サーフェイスの原理は、これまでのコンピュータにおけるグラフィックデザインと同じではないかと思うかもしれない。しかしグラフィックデザインというと見た目の色や形を整える意味や印象が強く出てしまうし、必ずしも知覚の原理との結びつきで設計するわけではない。サーフェイスの原理の根底には、知覚に対応する設計の重要性がある。

超軽工業の考え方2——インタラクションの原理

コンピュータとテレビや映画との違いは、そのインタラクティブ性にある。コンピュータによって、サーフェイスという知覚に都合よく作られた対象を操作できるようになった。しかもさらに都合がよいことに、インタラクションが備わるだけでリアリティや楽しさのようなことを生み出すことができた。
こうした物理世界と同じかそれ以上の体験を生み出すインタラクションの楽しさは、現時点においてもコンピュータの大きな魅力である。それが、開拓可能な可能性のある技術分野である理由である。
ビデオゲームはその典型で、それを先導した。スーパーマリオの生みの親である宮本茂氏は、ファミコンゲームソフトの設計において「触れる映像」を目指したと語っている。これはつまり、コンピュータが持つインタラクティブ性を生かした仕掛けである。

手触りですね。操作感というか、画面の中で何かが動いて、それを自分が操作したら、面白いんじゃないかなと、手触りをもとに連想していくんです。

（東京都写真美術館編『ファミリーコンピュータ 1983-1994』（太田出版、2003年））

人の操作（入力）に伴う、こうしたグラフィックの反応の仕方は、インタラクションデザイナーやエンジニアによって模索されてきた。それは、わかりやすさの視点もあれば、感覚的心地よさ、楽しさの視点もあった。
ビデオゲームはコンピュータの持つインタラクティブ性を発揮し、これまで人々が経験したことのない魅力的な体験を提供した。同じゲームコントローラーでゴルフもできれば野球もできるし、ロールプレイングゲームやパズルゲームもできた。つまり、体験はコントローラーに依存するというよりも、画面内で起きるインタラクションに強く依存する。一時期、Wiiリモコンや Kinect といった身体動作を入力とするコントローラー、ゲームシステムが販売されたが、これらについても最初はその身体の挙動に対する意識はあるが、慣れるにつれて意識は画面の中のインタラクションに移行する。コントローラーは物質、ハードウェアであり、私たちは実体に触れているにもかかわらず、そこで発生する経験はコントローラーを操作するという経験ではなく、野球をする、ゴルフをする、旅をするという経験にうまく置き換わってしまうのである。

このインタラクションの仕組みは強力で、今やパソコンやスマホのあらゆる操作において、グラフィックやインタラクションが体験をもたらす基盤の原理となっている。

「インタラクションデザイン」という言葉を提唱した人物であり、IDEO の創業者の一人でもあるビル・モグリッジは、インタラクションデザインという言葉をつくるきっかけとなったラップトップコンピュータを設計した結果、次のようなことを述べている。

実際にそれを使い始めて数ヶ月後、私は自分の物理的なデザインについてすべて忘れてしまい、私が本当に興味を持っていたのは、画面の裏で起こっていることとの間の関係だと気づきました。私は、自分がマシンに吸い込まれているように感じ、私とデバイスとの相互作用はすべてデジタルソフトウェアに関連しており、物理的なデザインとはほとんど関係がないと感じました。それが、もし本当に全体的な体験をデザインするつもりなら、このソフトウェアの部分をどう設計するかを本当に学ばなければならないと気づかせてくれました。それが私たちが最終的に「インタラクションデザイン」と呼ぶことになった名前を探すきっかけとなりました。

(Gary Hustwit『Objectified (Ws Sub Dol)』(DVD))

これはまさしく、ゲームにおいてコントローラーは固定であっても野球やテニスの体験をもたらす現象と同じである。体験が物理的なコントローラーとの相互作用にあるわけではないことを示唆している。

さまざまな入力インタフェースが考案され販売されたが、結局のところ体験の発生の中心は、キャラクターやカーソルポインターなどの画面の中に拡張された自己とされるグラフィックと、それがインタラクションする対象の関係(図17の第二接面)で発生する。具体的には、マウスを使うときに意識するのはポインターで、ビデオゲームをやるときには画面の中のキャラクターであり、コントローラーについては意識しなくなる。

これは画面にとどまらず、通常の道具との関係でも起こる。たとえば鉛筆やハサミでも、利用に慣れれば鉛筆自体やハサミ自体への意識ではなく、文字を書くことやうまく切ることへ意識が向き、体験はそちらが中心となる。自動車でも自転車でも、運転ではハンドルではなく、自分の車と外との関係を意識する。つまり、利用時間が経過すると、デバイス部分(図17の第一接面)は慣れも含め意識の対象ではなくなる。

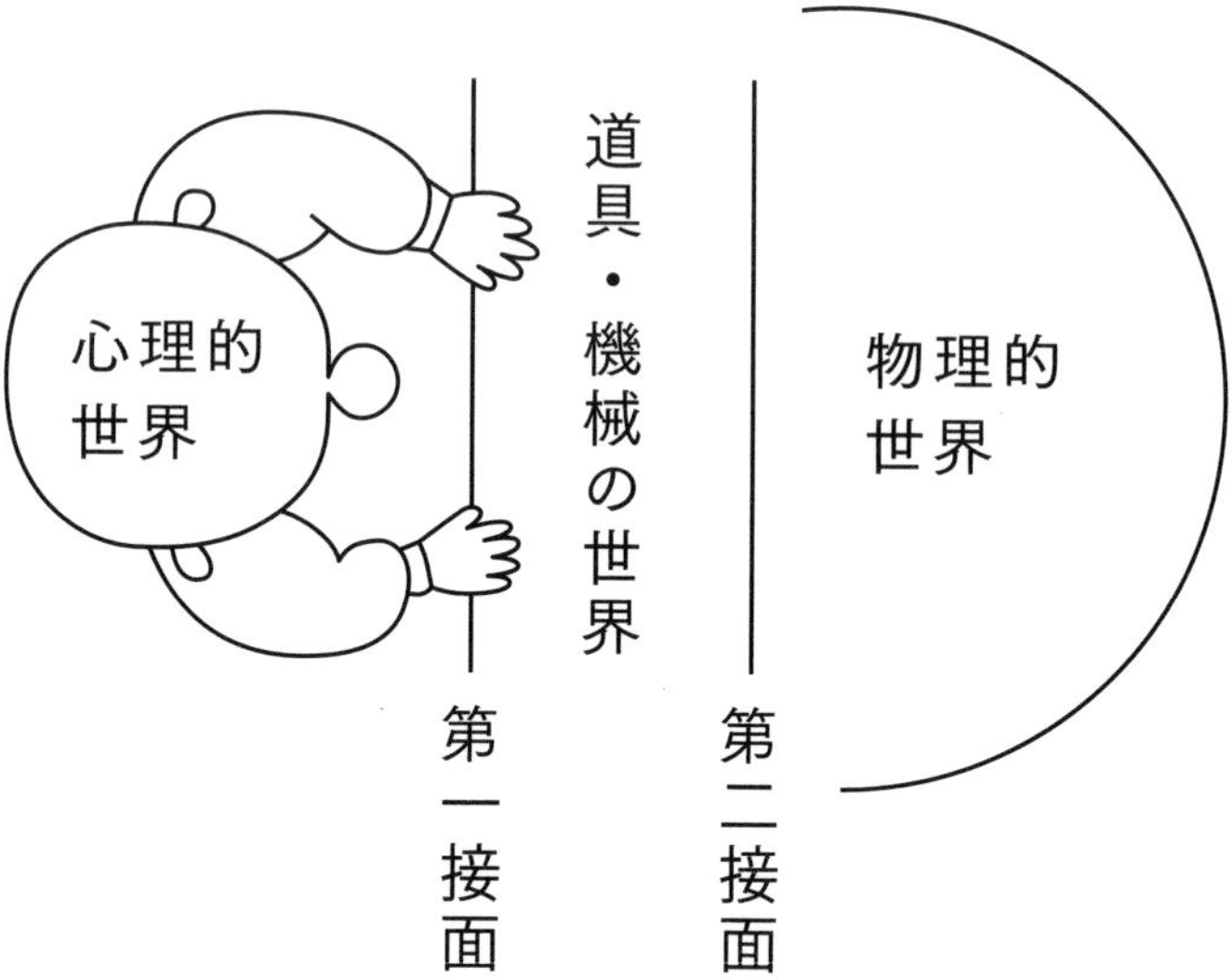

図 17　海保博之氏は、インタフェースには 2 つの接面があるとしモデル化している（海保博之、黒須正明、原田 悦子著『認知的インタフェース―コンピュータとの知的つきあい方』、新曜社、1991 年）。1991 年当時は、右側を物理世界とし、たとえばペンの場合は第一接面はペンと人、第二接面はペンと紙のようになる。コンピュータはそれが画面の中となる。第一接面と第二接面の部分にコンピュータのインタクションの仕組みを使うことで、いろいろな体験をコントロールできることがわかってきている。たとえば疑似触覚はその例である

疑似触覚（Pseudo Haptic、VisualHaptics）とリダイレクション

体験の中心が、ハードではなく画面の中の知覚とインタラクションであることをうまく利用した技術がある。ＨＣＩやＶＲの研究分野において「疑似触覚」と呼ばれる技術である。視覚的な情報を中心に、触れていなくても触覚的感覚が得られたり、あるいは本来とは異なる触感に錯覚させたりする手法である。

たとえば、図18は筆者の研究「VisualHaptics」で、テクスチャの上を通過させるとそのテクスチャの感触表現をカーソルの遅延や形状の変形によって示し、触れている感覚を提示する。図19は、ＶＲ環境において、ＣＧのヴァーチャルハンドの指先が対象に触れたときに指先を変形させることで対象に触れた感触を提示する（変形の度合いによって感触が変化する）。

また図20は、主観的な空間認識や身体認識の感覚が変質する体験が得られる「リダイレクション」と呼ばれる技法である。体験者は円筒状の壁に触れながら歩くのだが、ＨＭＤ内で視覚的に提示される「まっすぐに続く壁」に感覚が引っ張られ、「まっすぐに続く壁に沿って、まっすぐに歩いている」ように感じる。しかし物理世界では、この円筒状の壁の周りをぐるぐると回り続けている。これにより、物理空間は狭くとも、ＶＲ内では自由に広さを演出できる。こうした、知覚や感覚の特性を理解した上である意味「知覚をハックする」試みが多数研究されてきている。

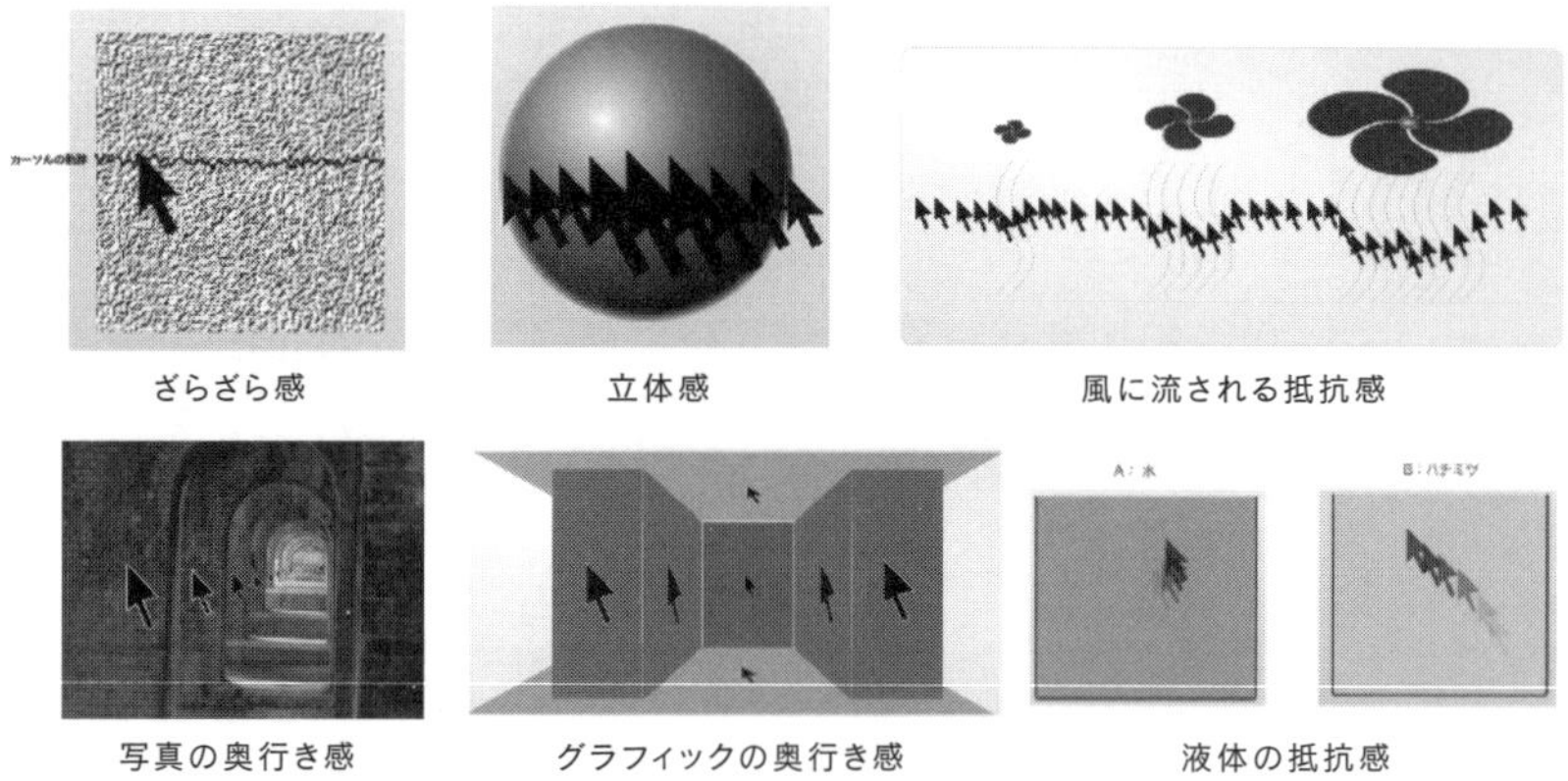

図 18　VisualHaptics

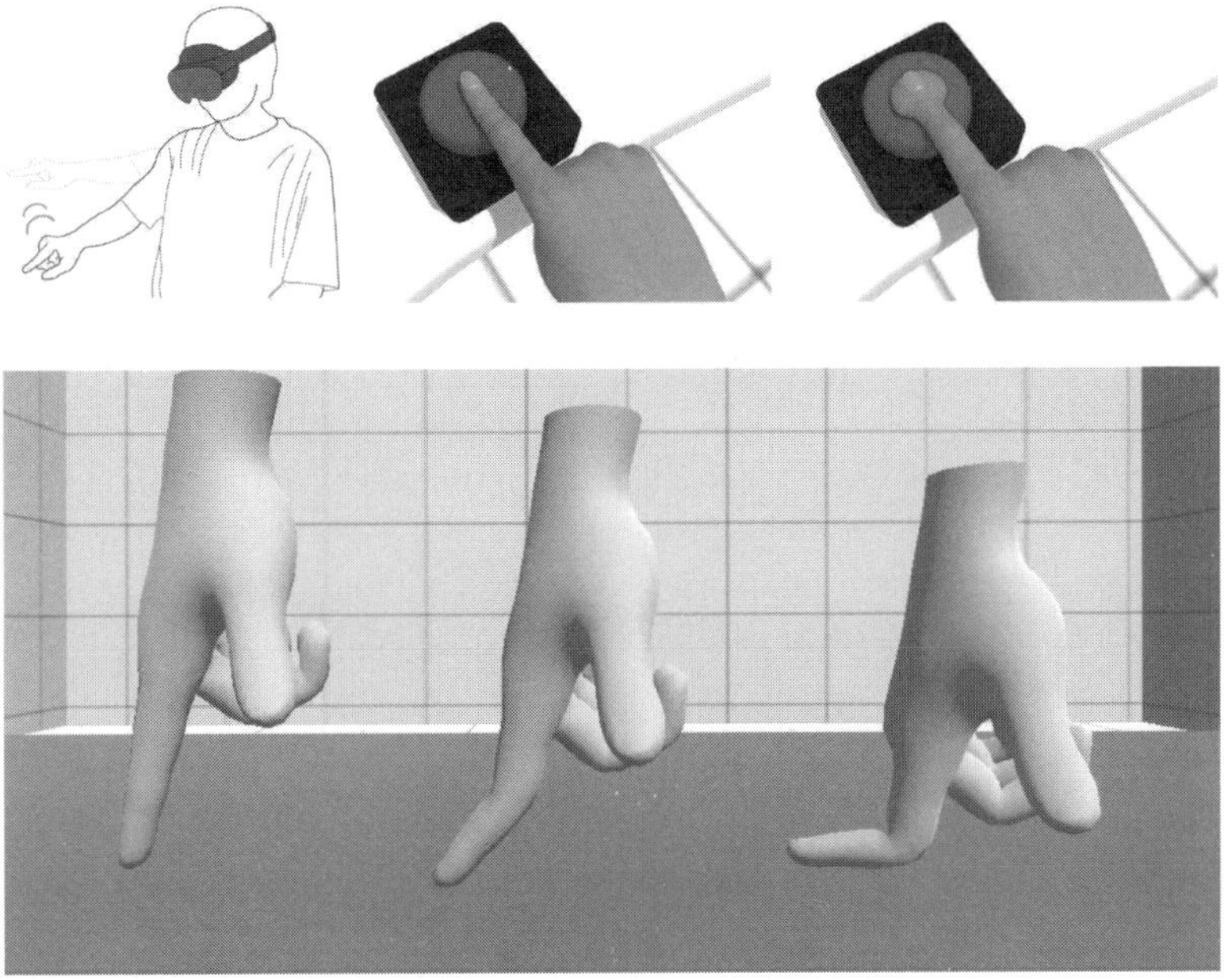

図 19　指の変形

図 20　物理空間の工夫によって制限（Unlimited Corridor PROJECT Team、2016 年）

知覚のハック

こうした疑似触覚やリダイレクションなどの知覚のテクニックやハックは、研究においてさまざまな事例があるが、インタラクティブ性と体験の関係は、やはりビデオゲームという分野と産業の中で特に探求されてきた部分が大きい。それゆえに、インタラクションの設計はゲームのための技法と考えられがちだ。しかし、インタラクションの設計は人の体験を提供するための基盤的な役割を持っており、アップルはMacをはじめ、iPhoneのような日常的に利用する道具の設計にそれを適切に取り込んだ。

インタラクションやインタラクティブ性は奇抜で面白みのある仕組みづくりだけではなく、人間に道具を馴染ませるために不可欠な技法なのである。小さなスクリーンしか持たないスマートフォンがこれほど世界で普及したのは、グラフィックデザインや情報デザイン上のわかりやすさだけでなく、人の知覚と行為を理解した優れたインタラクション設計の賜物である。

なお、物質におけるインタラクションの知覚的な観点はあまり明示的ではなく、これまでのプロダクトデザイナーが暗黙的に担ってきた部分があった。プロダクトデザイナーは素材の選定やボタンの形状、プロダクト自体の形状をうまく工夫することでそれらを実現してきた。人に触れる部分の多くがソフトウェアになったスマホでは、その仕事はプロダクトデザイナーからインタフェースデザイナーにシフトした。また、インタラクションデザインは、プロダクトデザインにおいては暗黙的な設計だったが、デジタルになって明示的な設計分野となった。

インタラクション設計では、操作の使い勝手のみならず、質感のようなプリミティブな感覚から楽しさまでコントロールし、人に提供できる。総じてインタラクション設計とは、人の知覚と行為のループに対する変容を起こし、体験をコントロールし、そこに質を見出し調整を行う設計である。そして、デジタル技術はVRやメタバースにおける体験設計に向かっている。メタバースとなれば、ある意味、何もかもがインタラクションデザインの対象となり、その重要性はさらに高まる。現在のVRは、HMDを装着して実世界を遮断し、コンピュータでつくり出されたサーフェイス（風景）を提示し、頭部や身体の動きをトラッキングすることでサーフェイス（風景）をリアルタイムに変化させる。これにより、人は「ある世界の中に自分がいる体験」ができる。「世界」や「自分」という認識そのものを設計できる。これは、もはや人間の体験の根本的な設計である。この世界の設計はさらに自由度が高く、さらに知覚的なものとなる。それゆえに、さらにインタラクションデザインが必要になる。先に述べたとおり、物理法則すら一つの表現であり、この世界でどのようにサーフェイスを提供し、どのようにインタラクションを定義するかが問われている。

〝自由〟世界の設計

しかし、自由というのは難しい。何を礎や軸にすればよいのだろうか。そのヒントとなるのは、アニメやビデオゲームにおけるリアリティの設計の考え方である。アニメーション作家やビデオゲームの作家たちは、「その世界のリアリティ」と呼ぶ。つまり、実世界を模倣するのではなく、その世界に独自のインタラクション法則をつくっているのである。多くは実世界を参考にしているが、実世界ではありえない動きや表現、ルールがある。たとえば、任天堂の『スーパーマリオブラザーズ2』はジャンプ中に左右キーで動けるし、そもそも自分の背丈の何倍もの高さでジャンプする。また、アニメーション作家の大塚康生氏は次のように述べている。

大塚：本当のリアリズムがアニメーションに入ってくると違和感がある。〝架空のリアリズム〟〝創造したリアリズム〟〝クリエイトされたリアリズム〟がよい

ナレーター：こういうリアリズム感の後継者が若き日の宮崎駿さんであった

（大塚康生『大塚康生の動かす喜び』（ブエナ・ビスタ・ホーム・エンターテイメント、2004年））

このDVDは大塚氏をはじめスタジオジブリにおけるリアリズムの作り方がインタビューで語られ、示唆的であるのでぜひ見ていただきたい。

このように、人間の認知は地球の物理法則に従う表現ではなくとも受容でき、楽しむことができ、デフォルメやナンセンスであっても、一貫したあるルールがあれば、「そういう世界」という認識が比較的すばやくできるようである。

小説や映画では、ファンタジーやSFなど自由な発想・想像に基づく世界が描かれる。それらはこれまで、「読む」「見る」ものであった。超軽工業というのは、「読む」「見る」のではなく、それを体験可能とする設

計工法である。私たちは、物理法則とは異なる体験としての無理のなさ、破綻のなさのような設計のルールを見出す必要があるのだ。

では、こうした物理法則に依存せずとも世界観が破綻しないようにするにはどうしたらよいのだろうか。それが、新しいメタファ、新しく見立てること、である。

6-6

超軽工業の考え方3——メタファの原理

前章において、コンピュータの画面を何かに見立てて設計するメタファについて紹介した。超軽工業においてもメタファは重要である。未知なシステムに対して既知の何かに見立てることで人に意味を与え、初期の普及に貢献する。メタファは、これまでの軽工業や重工業のようなものづくりではほとんどなかった考え方である。物理世界のものづくりは物理的であり、構造上の制約がある。設計上、見立てる余地もなければ、新しいテクノロジーはむしろ新鮮なものとして歓迎されるような雰囲気もあった。そのため、あえてメタファに対して意識することはほとんど不要であった。

しかしデジタル世界においては、機能や体験はほとんど白紙からはじまる。マウスやキーボード、タッチパネル、HMDなどハードウェアの制約下にはあるが、先に紹介したインタラクションの原理のように、人とインタラクションの体験原理として、それらハードウェアのインタフェース部分はあまり意識にのぼらなくなる。そうすると、その課題のほとんどはサーフェイスとその中のインタラクションの設計となり、実質ほぼ「自由」となる。

この「自由」を自由に設計できることは設計者側には夢を与えるが、注意して設計しなければ利用者にその価値を伝えることはできない。メタメディア、メタバースは常に、他者への価値の共有において「何であるか」「何とするか」が重要となる。使い方の混乱を避けるためにも、その定義が重要になる。これは、アラン・ケイがいうように、メタメディアがこれまでの道具になかった新しい可能性を持っているためともいえる。メタバースが体験世界そのものの構築ができることを考えれば、これまでの道具や機械とはだいぶ異なることはわかるだろう。

つくり方の発想を変える必要がある。そこでメタファの利用の検討がはじまる。メタファは比較的新しいアプリでもよく使われている。たとえば、コミュニケーションツールのSlackでは「チャンネル」という概念を使うし、オンラインビデオ会議ツールのZoomは「待合室」や「ブレイクアウトルーム」というように、部分的に「部屋」という概念を使う。入場や退出という概念もまた部屋的な空間表現である。Figmaの一部であるFigJamというツールは「チーム向けのオンラインコラボレーションホワイトボード」と称しており、「ホワイトボード」という見立てで伝えている。また大規模言語モデル（LLM）であるGPT-3を利用したサービスChatGPTも、UIとしてチャット形式を利用したことで、利用者にとって自然な会話を実現している。

メタファとして利用可能なものは、時代とともに変化する。たとえば、ちょうどコロナ禍で話題となった任天堂『あつまれどうぶつの森』では、ゲーム内で「スマホ」をメタファとした機能アクセスメニューを提供した。個人的にこれは衝撃的であった。スマホをメタファとしてしまえば、どのような機能も自然にシンプルにビデオゲーム内に取り込めてしまう。たとえば、電話はもちろん地図機能、カメラ機能など、スマホにアイコンを並べればその機能を提供できる。カメラや地図という「もの」をカバンに入れるという設定もできるかもしれないが、そうするとゲーム画面上でカバンからカメラを取り出すという「メニュー」のUIを別途用意する必要が出てきてしまう。スマホであれば、「スマホを取り出す」「使う」というワンアクションであらゆる機能へアクセスできてしまうのである。これは、スマートフォンが普及し、多くの人に認識された時代だからこそ実現できる方法である。

メタバースにおけるメタファとは

昨今ではHMDの普及によってさまざまなメタバース空間が構築されている。メタバース空間の設計において、人間の形状や移動方法などの模倣を通じてわかりやすさを追求し、これによりその世界が何であるかをわかりやすく示し、利用人口の拡大を図る流れがある一方、非日常的な体験ができる空間が提供されることも多い。しかし、たとえばVRチャットの空間をリッチな別荘のような暖炉のある部屋や焚き火のある屋外に設計するなど、日常的にはほとんど体験したことがないというような場所とする場合、興味の持たせ方が難しくなる。「見たこともないような世界」は、体験したいかどうかすら判断できない。

またメタバース空間の設計においては、インタラクション設計に用いるメタファも課題となる。筆者の研究室では、その課題に向けた取り組みの一つとして、バブル（シャボン玉）をメタファとして利用するインタフェースを提案している（図21）。

あるメタバースの世界では、モノを空中に配置することができてしまうものもある。ただ、当然だが空中に置いてあるというのは不自然だし、それが手に取れるものなのか環境の要素なのかわかりにくいところがある。こうした課題を解決するために、オブジェクトをバブルの中に入れることによって、浮いていることは自然だと受け入れやすくすることができる。また、選択や決定のためのインタフェースとしてバブルを用いることも検討している。メタバース内では、ボタンがメタファとして使われることがあるが、ボタンはそもそも機械的であるし平面的である。そこで、360度触れられるボタンのようなものとしてバブルを用いるのだ。ボタンはどこかに接地していないと不自然だが、バブルは基本的に浮いている存在なので、どこに配置してもよい自由さがある。

もう一つ、メタバースのメタファに関する話を紹介したい。今、メタバースにしてもビデオゲームにしても、Unityというゲームエンジン（ゲーム開発環境）が用いられることが増えている。図22は、Unityの起動直後の画面である。はじめて見た人でも、まあこういうものかと感じるかもしれないが、何か不思議に見えないだろうか。それは中央部分の画面である。中央は、オブジェクトを配置可能なCG世界の画面である。興味深いのは、この画面にはすでに地平線が存在し、それは弧を描いていることだ。つまりなんらかの惑星である可能性をしている。これは自然のことのようにも思えるが、一方で、この仕様は暗黙のうちに、地球的空間の構成を前提としていると考えられる。メタメディア、メタバースの開発は自由であるはずだが、こ

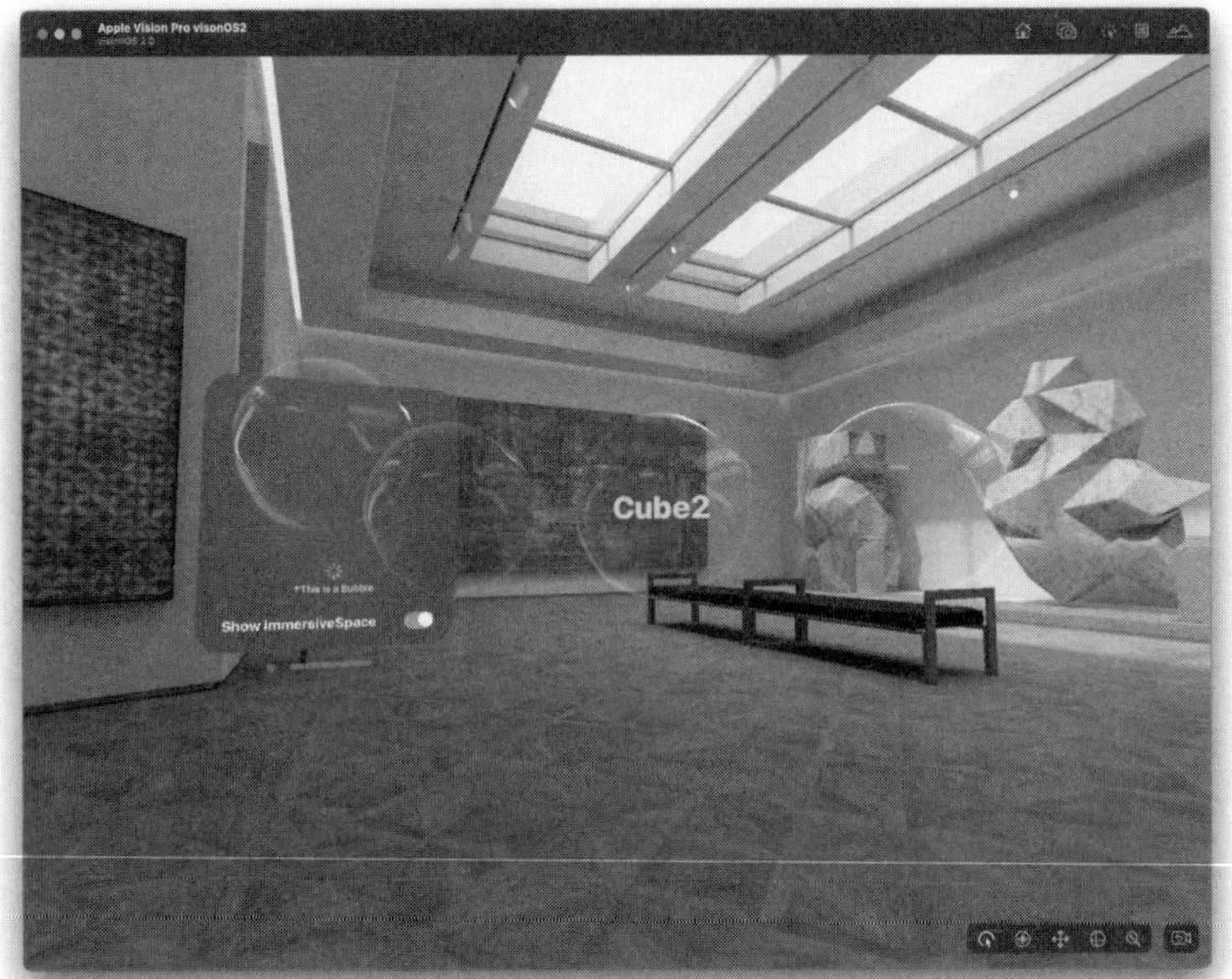

図 21　シャボン玉メタファの利用

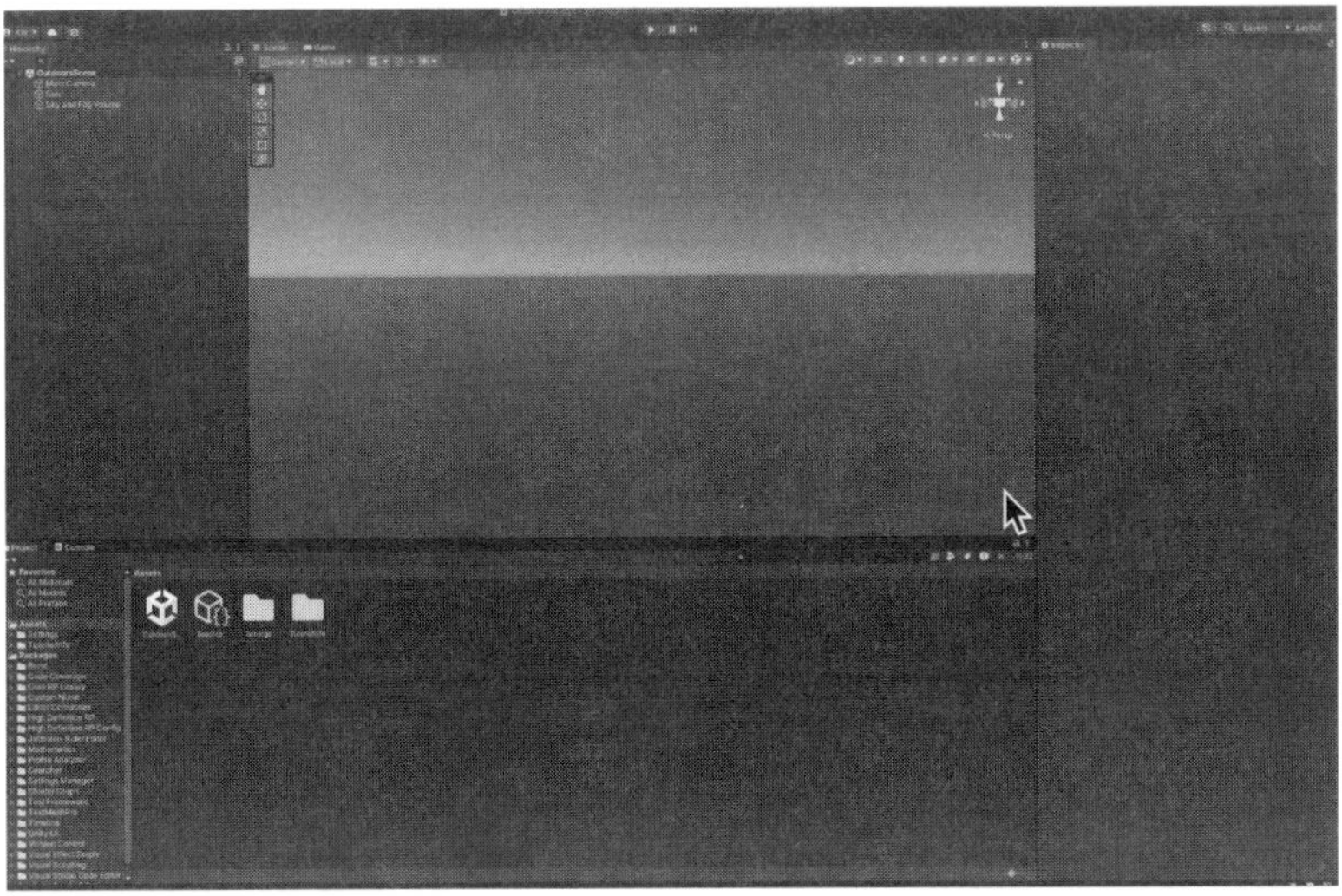

図 22　Unity は起動するとこうした地上と地平線と空でできた空間が提供されるが、これはある惑星にいることの枠組みを提供してしまっている。当然、表現はどのようにでも変えられるが、これが与える先入観は少なくないはずだ

れにより、暗黙的に「地球的なメタファ、地球的世界体験」を提供してしまう可能性がある。こうした開発ソフトウェアのテンプレート、デフォルト設定は、うまく簡単につくり出すためのポイントでもあるが、暗黙的な制約を与えてしまう可能性がある。こう書くとネガティブに感じられるかもしれないが、こうしたテンプレートやデフォルト設定はほとんどの場合、それがうまく働き、開発に貢献していることが多い。

また、メタバースやビデオゲームなど、物語があり、世界観を示す場合には、むしろ積極的にメタファを取り込み、その世界観を構築する必要がある。ファンタジーという世界観が前提となっていれば、ある程度魔法のような効果を取り込んでも、それに違和感は感じないだろう。むしろその不思議な手順や方法が施されることは、世界観の魅力を高める方法の一つになることもある。

実用的アプリでのメタファの難しさ

メタファは、ビデオゲームにおいては世界観とセットでうまく働くが、一方で課題になりがちなのは、実用的なアプリケーションである。実用的なアプリケーションにはさまざまな種類があり、その目的も異なる。電子マネーのアプリもあれば、銀行アプリ、SNS、家電のコントロール、写真編集、地図、デジカメと連携しデータ転送するアプリなど幅広い。フラットデザイン以降のアプリのよくあるつくり方は、基本的にはテキストで機能や目的を表現し、さりげなく小さなアイコンをつける方法である。たとえば銀行アプリでは、アプリ全体をATMの機械のような見た目にするほどのメタファは採用されず、テキストとアイコンを中心に、銀行にある機能を忠実に提供するものが多い。

しかし、そもそも現実にある銀行に忠実につくることは、銀行やATMで行うことがアプリからでもできるだけであり、アプリだからできることに結びついていない。銀行の場合は「銀行やATMに行かずに」という価値がそもそもあるため、他のアプリと比べて価値はわかりやすいが、一方で、銀行間で比較してしまうと、どの銀行もほとんど同じようなアプリとなってしまう。銀行ということの体験や価値をよりよくしようとするならば、銀行として何ができるかを考え、お金の保管や融資は当然として、それを手段として顧客が何をしようとしているのかの分析をしようという発想が生まれる。そうなると、たとえば財布機能や家計簿機能のようなものはどうか、あるいはお金を通じて顧客の課題を解決するために何ができるか、といったことをアプリにどう落とし込むかという話が出てくる。そうなったとき、何か新しいメタファが必要になってくる可能性がある。

たとえばグーグルは、写真加工において「消しゴムマジック」という機能を提供している。これは写真の特定の人や物を写真から消せる機能である。これは「消しゴム＋マジック」という表現を用いた一種のメタファである。似た機能として、アドビのPhotoshopには「コンテンツに応じた塗りつぶし」というものがある。写真から人物や物を「消す」ためには、それらがあった場所のもともとの地面や壁などの背景と同じパターンで塗りつぶす必要がある。Photoshopは比較的プロフェッショナル向けツールであるため「コンテンツに応じた塗りつぶし」という表現は的確で、利用者にその理解を求めればよいだけである。一方でグーグルの場合、Androidのスマホにその機能を搭載している。これを一般の人向けに売りとして提示するためには、「コンテンツに応じた塗りつぶし機能」と表現しても、その魅力や目的が伝わりにくいだろう。そこで、「消しゴム」というメタファを用いて、かつ単なる消しゴムではないことを伝えるために「マジック」を追加していると考えられる。

デジタルにおける合意可能なメタファ

超軽工業の三つ目の特徴としてメタファについて考察してきた。メタファの利用は、新しい機能やソフトウェアを作ろうとしたときに必要となることが多い。これまでの工業では設計時にあまり必要とされなかった発想で、人間の認識、文化、常識などの知識を要求してくる。さらにメタファは、意識的でなくとも、さり気なく使われることもあり、自分たちが使っている設計がメタファであることも気づかずに使ってしまうことすらある。たとえば、「ページ」の概念は、私たちにとってあまりに自然過ぎて、厳密にはそれはコンピュータにおいては見立てであることに気づきにくい。たとえば、文化的に「本というものはこういうものである」という認識を持っており、またコンピュータ内でもページの概念はよく使われているため、紙的な発想の呪縛から抜け出せなくなることもある。しかし一方で、電子書籍のKindleはフォントサイズを自由に変更できることから、ページ数ではなく、現在読んでいる部分が何%なのかという表現を使っている。また電子漫画サービスも、いくつかのサービスにおいてはページの概念がなく、縦に並んだコマをスクロールするものが出てきている。

こうした新しいインタフェースを導入するためには、人間の認識や文化、常識など知識に囚われすぎていることをいったん保留にしなければならない。それがデジタルネイティブ的と言えるかどうかは難しいが、ソフトウェアにおける設計は、そもそも人がどう世界を認識しているか、あるいは認識しようしているかに影響を受けるところがある。設計者は、その認識を常に疑いながらも、新しい表現を模索し、それでいて、多くの人が合意可能な表現、時代感に合う表現を模索する必要がある。その意味で、人にとってのコンピュータの発展というのは、人間のこうした物の見方に依存している部分が大きい。物の見方がその使い方を決め、社会の中での意味や役割も決まるからである。ゆえに、飛躍も難しいところがある。ソフトウェア設計においてＵＸが重要視され、そのための分析や設計に時間をかける、もしくはかかってしまうのは、こうした人の物の見方、認識、合意可能性の検証があるからで、それはつまり、文化的・社会的な挑戦なのである。

さて、とすると、ではその認識としてちょうどよいものは何か、という問いになる。本書で提案したいのは、前章の最後に示した「軽さ」である。これが、飛躍し過ぎず、物の見方や合意可能性という点でちょうどいいのである。

軽さと体験

想像世界・頭の中には質量はなく、軽い。そして自由である。しかしそれは共有もできなければ維持もできなかった。けれどもコンピュータ、ソフトウェアの世界は、想像世界の欠点を補填するように、頭の中の軽さを維持し、他者とも共有可能にする。そして何より興味深く特徴的なのは、質量がないのに体験が可能であることである。しかも、その世界は明らかに、キーボードやマウス、タッチパネルなどの物理デバイスが与える体験ではなく、その先にある部分、第二接面でのインタラクションにおいての表現がもたらす比較的リッチな体験を提供できるのである。質量はゼロだが体験は存在し、そのものづくりのフレームとして「超軽工業」と呼べるわけである。

超軽工業で実現する世界体験は、頭の中ほど儚いものではなく、物理世界ほどリアルではないが、物理世界より都合がよい。この都合のよさを一言でいうならば、「軽い」という言葉がぴったりなのだと思う。この性質を活かすべきであるし、メタファとしてより積極的に考えるべき二一世紀の物のつくり方なのである。あるいは物から脱却するためのものづくりとも言える。

また、近い将来を考えると、軽さについてもう一つ大事になる参照可能な世界がある。それは地球の外側の宇宙である。

宇宙に行ったことがある人は限られているし、その成り立ちもわからないことが多い。とはいえ、わかっていることもある。まず、地球と比較すると、地球の外は無重力である。つまりここにも軽さが共通する。宇宙の話をすると少し広い話に聞こえがちだが、宇宙は存在しているし、一部の人が宇宙空間に滞在したことでそこでの体験の特徴は明らかになりつつある。私たちが「実世界」と言うとき、それは地球上を指し、それのみをリアルだと思いがちだ。そのため、デジタルにおいて「重さがないこと」をネガティブに表現することがある。しかし、地球は宇宙内の存在であり、人もまた宇宙内の存在である。ほとんどの人には宇宙で過ごすことのリアリティはまだ感じられないかもしれないが、地球の外は宇宙であり、その性質を理解し設計に使用することはそれほど馬鹿げた話ではないはずだ。しかも宇宙空間は広く、その広さから考えれば、無重力、軽さは、支配的な基礎原理かもしれない。今すでに民間企業による宇宙飛行が可能になっているように、近い将来は今よりも多くの人が宇宙に行くことになるだろう。とすれば、無重力的な体験は非日常的な考え方ではなくなる。そうした世界で生活すれば、旧来の装置のＵＩやインタラクションを「地球的」と感じるときがおそらくやってくる。したがって、宇宙の無重力や軽さは、見立てやすく、かつ、実際に存在する点で合意も得やすいメタファとなるはずだ。

6-8

超軽工業のこれから

超軽工業の特徴についていろいろと述べてきたが、今一度整理したい。二〇世紀は、人々の生理的欲求を物質利用と大量生産を中心に満たしてきた。二〇世紀から二一世紀へ向かう中で、その成功をさらに精神的欲求にまで広げようとした。しかし、物質利用による精神的欲求を満たすことは、人間の体験や感覚と必ずしも強い結びつきがあるわけではなく、またそれ以上に精神的欲求のために物質利用を拡大することは、環境資源においても大きな課題であった。増え続ける人口の中で、環境負荷を抑えながら人々の欲望を満たすために、人工物の工法の最適化が行われてきた。それらは本物を参照しながら設計され、人々がそれまで見てきた物のようにサーフェイスを工夫した。コンピュータはその究極系であった。最初は計算機として利用されたが徐々にテキストや画像などの知識の処理を可能にし、画面が高精細化し、さらにそのインタラクティブ性から人々に体験を提供する装置となった。本章で見てきたとおり、コンピュータは3D CGの研究が進み、コンピュータが表現する3D世界はサーフェイスのみで表現され、サブスタンスを必要とせず、人間の知覚や体験の性質にピンポイントに都合よく最適化された。しかも、インターネットによって、接続さえすればほぼ瞬時にそうした体験を配信・提供できる。これはそれまでの軽工業および重工業にあった流通の課題をほぼゼロにしている。これにより、人々の多様な欲望やその日そのときの気まぐれな欲望に応えられるようになった。そうして、さらに個々人の欲望への最適化はAIによって進みつつある。こうして、軽さの先は、思考プロセスとの融合へと進む。

超軽工業は、人工物の歴史から考えれば、人の欲望処理の最適化のためのものづくりであり人工化であり、精神的側面、そして体験に最適化し、設計される。二〇世紀から連続する豊かさの追求と効率的な人工化の最先端なのである。そして、超軽工業は、二〇世紀のものづくりが応えられなかった精神的豊かさや欲望への応答、さらには次の次元の自由を追求し、持続可能な人間の欲望処理方法の実現を目指す。

スマホを手から離せず使い続けてしまう、どことなく中毒性や依存性がある、という心配があるかもしれない。しかしそれは、新しい普通、新しい前提への入口である。私たちは、安定的に歩くことを、平らな地面に依存しているとか中毒性があるとは思わない。椅子への依存や中毒性を意識したりはしない。読書も、いつのまにかそれは「たくさん読むことのほうがよい」という認識に変わってしまっている人工物であり、もはやよほど極端でない限り中毒を問われることは少ない。

これまでデジタルが応えようとしてきたことは、すべての生活、社会、経済、さらには生存を、なるべくデジタルやコンピュータで置き換えることができないか、問題解決や目的達成を容易にできないだろうか、という問いである。だから、アップルもVision Proを提案している。そもそもＨＣＩの研究の歴史の中で、すでにさまざまに追求、検討されてきたことである。ただし、ＨＣＩ研究は欲望処理の最適化には注目するが、デジタルコンピュータの利用が資源利用の最小化をもたらすことは特にテーマにしていない。

本書では、この二つを合わせ、「超軽工業」という概念をもって新たなモノのつくり方を提案する。持続可能な欲望処理の探索と最適化が超軽工業のミッションであり、本書が目指すのはそういうものづくりなのである。

さて、次章は最終章である。超軽工業を踏まえ、序章で触れたDXPXの話に戻りながら、人間の欲望処理、そして物理世界との関係について考えていく。

終章

我々がデジタル技術に希望と必要性を見出すのはなぜか

本書はデジタルをテーマにしながらも、環境の話、いわゆる環境問題的な話題が所々で展開されていたことに気づかれたと思う。とはいえ、それは「ゴミの分別をしよう！　自然を守ろう！」というエコロジストの主張ではなかった。

本書が環境の問題を扱うのは、人間の生存や存在にとって優れた人工物とは何かを問うための基盤となるからである。なぜデジタルやコンピュータを利用する方法を選ぶのかを考察するためである。それが最新テクノロジーだからとか、ビジネスのニーズがあるからとか、多くの人に届けられるから、インタラクティブだから、メディアとして面白いから、というのは手段であって、目的ではない。

これまで、私たちはこの無尽蔵な想像と欲望に物理的な資源を使用してきた。当然、その時々でその限界に到達し、配慮が求められ、「エコ」という考え方が必要になった。エコには自然を保護するようなイメージがあるが、むしろ逆である。エコは資源消費を抑えつつも、結局は人間の想像と欲望を突き進めたい意思の現れである。つまり、人は想像と欲望を諦めたくない、もしくは諦められないのである。エコとは欲望を諦めない思想と技術である。もし本当にエコを願うならば、人間の想像や欲望を諦める、我慢することである。地球に人口が増えれば、当然配分の問題になり、諦めと我慢が増大するはずだが、そうはなっていない。あるいは、どこかの国と地域がその代償を負っているか、配分のバランスが歪んでいるのである。その事実と意識がSDGsという考え方として現れることになった。いずれにせよ、天然資源、それに類する物質資源も無尽蔵というわけにはいかない。何より、物質利用は人口や物流の問題に左右されやすい。

一方、コンピュータは計算機ではなくメタメディアで、それは環境、世界、もしくはその認知のシミュレートが可能であることがわかっている。ユーザインタフェースとインタラクションがそれに貢献し、コンピュータを私たちの道具、あるいは世界、あるいは現実として認識可能にした。

これにより、私たちは汎用欲望処理装置を手に入れたのである。当初コンピュータやデジタルがつくる世界は、物理ではない何かで固く冷徹で虚実的、虚構的存在のように捉えられた。しかし、それらの印象は徐々に薄れ、日常に融けつつある。今、スマホというかたちで私たちのポケットに入っている。これらは利便性だけではなく、文化と社会と経済を提供している。

これは、人の想像世界への憧れからくる自由への挑戦である。ユーザインタフェース、ヒューマンコンピュータインタラクション研究とは、この汎用欲望処理装置を使った自由への挑戦である。持続可能な欲望処理、持続可能な自由への挑戦である。

DXPXする世界

序章では、DXに伴いPXがあると述べた。この世界観について最後にもう少し詳しく説明したい。まず、二一世紀に入るまで、社会経済を回すための土台は物質前提であった。物質を使い、物質自体を届けた。情報・知識も、たとえば本や新聞のように物質を媒介して伝搬する方法が一般的であった。物質利用においては、量産性と低コスト、高品質が追求され、より効率的な天然資源の利用から、あらゆる素材の人工化が研究され、置き換えも進んだ。二〇世紀後半には、需要と資源利用の限界、人工的方法や廃棄などを原因とする公害が問題となった。オイルショックや地球環境問題を経て、どうやらこの資源は無限ではないこと、その限界と希少性について悟り始めた。また同時に、物質が必ずしも人々を豊かにするとは限らないことへの悟りもあった。経済を回すのに都合がよいために物質を使っているのであって、必ずしも物質であることに価値を置いていないことへの理解である。

デジタルコンピュータが生まれたのは、ちょうどその最中の二〇世紀後半のことだ。ディスプレイを持ち、あるいはスピーカーを持つデジタルコンピュータの表現可能性が理解され、やがてマルチメディアとしてあらゆるメディアを包含できるようになった。二一世紀になると、GUIの発展とディスプレイ装置の高解像度化が進み、一般の人にも利用可能な道具として広がった。それはインターネットによって加速し、ウェブやさまざまなインターネットアプリケーション、サービスが生まれた。同時に、ワイヤレスネットワークの発展によりモバイル通信が加速した。そうした中でスマートフォンは登場した。画面の解像度は紙に印刷されたものと区別するのが難しいほどに精細で、搭載された各種センサー類により自己帰属感やそのインタラクションをうまく設計することで実世界以上の質感や操作感を提供可能にした。アップルがまるで自然、魔法と形容するとおりである。ここまでUIやインタラクションの質を高めたことで、コンピュータはようやく、ようやく、ようやく多くの人が使ってもいいと思える次元へと達したようである。

そして二〇二〇年、パンデミックによって、この物質の利用限界とデジタルの利用可能性がクロスフェードした。私たちは社会から生活様式を問われたし、自らも問うた。以後、在宅リモート勤務を可能とする企業も増え、ＤＸが推進された。オフィスに回帰した企業もあるが、二〇二四年一二月現在、当然のようにリモートも可能、あるいはフルリモートとする企業も多々ある。少なくとも、会議においてリモートはオプションの一つとなった。

パンデミックはパンデミックであること以上に、生活や働き方の当たり前を揺るがした。さらに以降は追撃するように熱波が世界を襲い、もはや地球は温暖化どころではなく沸騰していると表現され、自然災害も増えている。パンデミックや地政学的な問題から半導体不足も課題となり、サプライチェーンの見直しも問題となった。世界の人口は八〇億人を超え、地域の貧富はアンバランスで、ゆえにSDGsが掲げられる。

さらにパンデミックを経てテクノロジーはＤＸやＶＲ、メタバースが話題となり、二〇二二年にはOpen AIによる生成ＡＩ「ChatGPT」が話題となり、二〇二三年にはそれがますます発展し、社会実装が進んだ。仕事がなくなるおそれもあるのだから、個々人にとっては、生活様式の変容どころか存在様式、もしくは生存の変容が問われるほどの状況といってもいいのかもしれない。そうした状況に私たちはいる。つまり、DXPXは確実な流れとなっている。

さて、そんなDXPXだが、それはどこへ向かうのだろうか。

まずＤＸは、究極的には、欲望に肯定的で自由な体験世界への挑戦である。「私の欲望に応える精神的豊かさ」を探求し、よりよき「私」の社会的、文化的、意味的「存在」を目指す方法、流れである。言わばウェルビーイング、「幸せ」を探求する流れである。社会的には人間が持つ人間性をとことん追求する世界線である。それは物質では難しく、アプリなどソフトウェアによって実現される。さらには、より細かい個人の要求を生成ＡＩによって個人に最適化されたかたちで享受できる。そうして、超軽工業による想像ネイティブで軽い世界を目指す。これがＤＸの流れである。

これに対してＰＸは、究極的には、よりよき私の「生存」の探求を目指す方法、流れである。物質利用はこれまでの前提であったことから、しばらくの間は、デジタルという人工化方法と対比しながらその価値や役割を再認識することが目標である。そこにあった必然性のない欲望表現や方法を徐々に除去し、より物質中心、汎用性、いわゆるエコ中心を目指す。いわば過剰な欲望デトックス（解毒）の活動が必要である。本書で紹介したexUIは、ＤＸにもＰＸにもヒントになるはずだ。そして、ＰＸは私たちの生物的な健康を目指し、他の動植物、自然環境といった地球全体の視点での健全性を目指す。二〇世紀の反省ともいえるプロセスかもしれない。そういう意味ではＤＸよりも大事であり、大変なプロセスである。

変わる物質のデザイン

DXPXを考えると、これまでのものづくりビジネスとは相性はあまりよくない。特にto C向けは相性が悪い。すでに日本の大手メーカーに見られるto C向け事業の縮小傾向がそれを示している。これは大きなトレンドで、裏を返せばDXPXが起きている流れともいえる。消費者向けメーカーは、初期においては物質を通じて生理的な欲求を満たす活動が主体だったが、主な家電機器はコモディティ化してしまった。そこで、差別化するため精神的欲求を満たす方向へシフトした。しかしこれは、物質を使い、物質で精神的欲望を訴求する行為である。部分的には実現したかもしれないが、スマホやデジタル機器の持つ精神的欲望処理への柔軟性に勝つのは難しかった。

そうした中で、一部の企業では異なる動きがある。結果的に、物質での精神的欲求の訴求を、ある意味諦めたのではないかとも見える動きである。たとえば無印良品、ニトリ、3coinsは、消費者向けに日用品雑貨を販売するが、その製品の多くが白やグレーベースである。それはかつて「シンプル」と呼ばれた一種のスタイルによる戦略だったかもしれない。しかし、このシンプル志向は、実は「人々が欲望を満たす方法を物質に求めることをやめた」結果ともいえるのではないか。今はまだ、多くの人はそれを「スタイル」と感じ、欲望として感じているかもしれない。しかし徐々に販売する側も利用する側もそれがPXであったことを理解するのではないか。つまり、私たちはもう物質で満たされる満足の程度を知ってしまった可能性があるのだ。無印良品はウェブサイトで自社の哲学として次のように書いている。

無印良品は地球規模の消費の未来を見とおす視点から商品を生み出してきました。それは「これがいい」「これでなくてはいけない」というような強い嗜好性を誘う商品づくりではありません。無印良品が目指しているのは「これがいい」ではなく「これでいい」という理性的な満足感をお客さまに持っていただくこと。つまり「が」ではなく「で」なのです。

しかしながら「で」にもレベルがあります。無印良品はこの「で」のレベルをできるだけ高い水準に掲げることを目指します。「が」には微かなエゴイズムや不協和が含まれますが「で」には抑制や譲歩を含んだ理性が働いています。一方で「で」の中には、あきらめや小さな不満足が含まれるかもしれません。従って「で」のレベルを上げるということは、このあきらめや小さな不満足を払拭していくことなのです。そういう「で」の次元を創造し、明晰で自信に満ちた「これでいい」を実現すること。それが無印良品のビジョンです。

（無印良品からのメッセージ「無印良品の未来」https://www.muji.net/message/future.html）

この、「これがいい」ではなく「これでいい」という表現は、まさに本書で目指したいＰＸのあり方である。私たちは常に大量の工業製品に囲まれ、日々新しいものを供給され続け、それを購入し利用する。しかし、新しいものを手にした熱狂は最初や購入前までで、利用していくとともに減衰する。その減衰を制作者も利用者もみなもう十分に理解したところに到達している。そういう社会である。使うほどによい、時間が経つほどよいものがあることも事実だし、それを解とする人もいるかもしれない。だが、それはたいてい天然素材であることも多く、多くの人が要求すればそれは環境の問題となる。であれば、人工物において、その熱狂の減衰を考慮して設計するならば、はじめからその熱狂を高めないほうがよい。その意味で、無印良品の「これでいい」というメッセージは絶妙である。私たちはモノへの熱狂と執着に別れを告げ、ＰＸを迎えようとしている。

物質は製造生産中心に設計し、インタラクションと体験はたとえば本書で紹介したようにexUI化する。

DXしようと物理世界がなくなるわけではない。もちろん物理世界の価値が下がるということでもない。デジタルというと物質を否定するように思われるがまったく逆である。私たち人間にとっての物質の役割や意味を再認識し明確にすることがPXの重要なプロセスである。PXはDXを大前提としながら、物質の究極形を探り当て洗練させていく。本書ではアップルのUIなどのソフトウェア事例を多く紹介してきたが、ハードにおいてもカーボンニュートラルやリサイクルシステムなど物質製造に対してアップルは貪欲であり、チャレンジを続け、それを積極的に開発者会議などでPRしている。アップルは、PXという観点でも参考になる部分がある。

アップルのハードウェアのミニマリズムのようなものは、やはり最初はつくり手も利用者も、何か未来のモノのあり方として目指されたスタイリング的なものとして認識していたかもしれないが、ソフトウェアを中核とする中で、そこに意匠性を求めることの意味を失ったようにも思う。現在もiPhoneは多色に展開しており、その色が選べるが、多くの人々はスマホにケースを付ける。またアップルも純正のケースを提供販売している。色が選べることは一種の楽しさとプロモーションに貢献するが、とはいえ、もはやハードのプロダクトのデザインはiPhoneの利用の日常において意味を失っている。あるいはそれは、ケースの着脱のためのデザインなのかもしれない。こうしたあり方はPXであり、物質の未来のヒントである。

思想とデザイン

DXPXする中で、企業は決断を迫られている。デジタル／フィジカルの融合のスローガンは今もなお続く。しかし、問題はその融合の仕方である。

「融合」というときには注意が必要である。融合するときの立ち位置、前提が問われる。物質利用を促進する従来のものづくり活動を前提としてそこにデジタルを取り込むことも融合と呼べるし、ソフトウェアサービスを手掛けた企業がハードウェア開発に手を出すことも融合と呼べる。たとえばグーグル、アマゾンは後者である。今、強いのはこの後者のやり方である。融合は前者も同じであるものの、大きな違いがある。それが、「前提」の考え方の違いである。もしくは何を前提としているか、である。

よくも悪くも、特に成功してきた日本のメーカーは前者で、物質利用を得意とするため、デジタル／フィジカルの融合といったときにこれまでのつくり方の中にデジタルを取り込むかたちとなることが多い。そうしたメーカーの製品のスマホアプリを使うことがあるが、その多くはUIのレベルから全体的な設計の思想がハードウェア中心的で、スマホアプリはオプション的なのである。スマホから使うことを中心に設計されているとはとうてい考えにくい印象を持ってしまう。

一方、中国のXiaomiは、スマホから操作できる家電アプリを出しているという点では同じに見えても、設計の前提が明らかに違う。きちんとスマホアプリとして使えるし、使いたいと思わせる設計となっている。

Xiaomi はスマホを開発し提供しているということが大きな要因といえる。

コネクテッドカーも同様である。テスラはスマホを前提に設計されている。たとえば鍵についてもいくつか種類が用意されているが、スマホ利用が推奨されている。なお筆者が所有している、ある日本メーカーの車はスマホアプリを提供しているが、「アプリからでも操作できる」設計であり、物理キーが前提である。

一体そうした差はどこから生まれてくるのだろうか。

これは一種の「思想の違い」と呼べる。思想というと、高尚で気取っていて、ポエティックに感じてしまう人もいるかもしれない。「そういうのが大事なことはわかるけど、技術や設計には直接的なものじゃないよね」と感じて引いてしまう、気構えてしまう人もいるかもしれない。

そのため、もう少し設計に近いところで、その「思想」という言葉を置き換えたい。それが「前提」という言葉である。本書では何度も前提という言葉を使ってきたが、前提という言葉は思想という言葉よりも身近で、論理的な言葉で使いやすいはずだ。

ここでの「前提」という言葉は、「〇〇前提」というふうに使う。たとえばスマホ前提、IoT前提、インターネット前提、3Dプリンタ前提、AI前提のように、何でもよいが、できるだけ新しくこれから起ころうとしていることをうまく取り込むことが大事である。いわゆる時代のトレンドでもよいと思う。

〇〇前提とすることで、「それを前提にした」製品、サービス開発をすると決めることができる。それが、この言葉の持つ効力である。この前提を決めると、それを用いることが条件になり、その上で考えることとなり、いったんそれを使わない発想をすることが「論外」となる。

また、「それを前提に設計するということはどういうことか?」という考えを巡らせることになる。スマホを前提に家電をつくる、自動車をつくることとはどういうことか、そう考え続ける。もう少し砕けた極端な考え方としては、それが前提であるならば、それがなければ製品の意味や価値を成さない、極端には利用すらできないと考えると、前提にすることに際する設計が見えてくる。スマホがなければ家電は利用できず、自動車にも乗れない。極端にはそのように考える。スマホがないとどうにもならないことは当然最終的には困るので、なくしたとき、ないときをオプション例外対応として設計する。それを前提として、徹底して利用者のベネフィットを考え設計することで、まったく新しい製品、サービス体系ができあがり、それが結果的に世界観や思想を生み出していく。大事なことは、融合よりも「前提」なのだと思う。融合は結果である。DXPXは前提の入れ替えなのである。

何を前提とするのか

私たちは、目的、目標やビジョンを設定することの議論はしても、「前提」に対する意識は希薄である。しかし、何を前提として捉えるかは、あらゆる決断、センスに影響する重要な思想であり、影響力が大きい物事の捉え方、考え方である。条件とセットで使われる論理的な思考だ。そして、日常的な言葉でもある。

筆者自身が、こうした「前提思考」を意識するようになったのは比較的最近で、この十年の話である。筆者の出身大学である慶應義塾大学ＳＦＣ（湘南藤沢キャンパス）で日本のインターネットの父と呼ばれる村井純先生と一緒にあるプロジェクトを進めていたときのことである。「インターネット前提で考えてください。Bofore インターネット、After インターネット、何が変わるか」、村井先生はそのようなことをいっていた。

慶應ＳＦＣは、まさにインターネットの始まりの時期でもある一九九〇年とともにできたキャンパスで、インターネット前提で設計されていた。思い返せばその独特の雰囲気はインターネット前提からくるものだった。環境情報学部と総合政策学部の二学部からはじまり、その両方が情報技術とインターネットを前提として、インタフェースやインタラクションデザインなどの工学的な研究だけでなく、政治や建築、社会、教育、ビジネスなどあらゆることをインターネットをキーに研究していた。

今、多くの人がインターネットとともに生活するスタイル、慶應ＳＦＣでは九〇年代からそれが「前提として」利用されていたのである。政治学、建築学、社会学、教育学を専攻する人でさえ、ＳＦＣでは一年生のときにプログラミングが必修で、今でいうデータサイエンス、データ分析も必修であった。私たちはインターネットとコンピュータが生活や社会を変えると信じ、近い将来の前提を共有していた。慶應ＳＦＣの独特な雰囲気も、やはり「インターネット前提」がつくり出したところがある。

さて、では二〇二四年現在、何を前提とするとよいだろうか。強いて言えば、生成ＡＩが実用フェーズにあり、これを前提に私たちの活動をつくり変えることである。生成ＡＩ前提、Before AI / After AI、とりあえず何でもＡＩ前提にしてみる。その上で何がどうなるのか、何を生み出していくのかを考える。これは今日から実践できる。すでに前提になることを理解した者は、毎日利用し可能性を探索している。私たちはさらに新しい前提に試されている状況である。

DXPXと教育・職業・生活

教育もDXPX発想が重要である。理工系大学にしても美術大学においても、文学部や社会学や経済学でもDXPXが求められる。

たとえば、新しい物理世界の構築のためのPXを志す工学部があってもよい。また、今はまだ超軽工学という学問はないが、質量のない体験に対する工学、知覚やインタラクションの原理を中心に学ぶ工学部があってもよい。二〇〇〇年頃より、情報技術の取得や情報技術との融合を目指すような学部学科を設立する大学が増えた。それらは「情報」や「メディア」の看板を掲げることが多い。しかし、こうした名前やビジョンは世の中全体がDXを掲げる今、そろそろ見直してもいいのかもしれない。つまり大学はその先を行かなければならない。大学の中に「工学」を置いたのは日本が初であったとされているが、今その工学のあり方を再構成するタイミングなのかもしれない。

美大においては、物質前提のプロダクトデザインではなく、デジタル前提のプロダクトデザインとは何かが問われている。そこでの欲望処理方法、そのための表現の最大化など、やることはたくさんある。芸術活動も重要だ。物質世界の美しさや豊かさの本質を抽出できる力や、それを再構成して表現・表出できる能力を訓練する。科学は地球のサンプリング活動と再現性の探求をするが、芸術は地球世界における美しさのサンプリング活動だ。これまで、芸術は目的を問われることはあまりなく、その活動自体が評価されてきたと思う。しかしDXPXする世界を考えると、この活動はもしかするとそのサンプリングであり、DX世界の豊かさをつくるために重要なものとなる。美大の教育として、何を変えず、何を変えるかの再考が必要である。

また、いわゆる文系の文学部や社会学や経済学も、この前提の反転をどう捉えるかは大事だ。文学部こそ、もしかしたら私たち人類の想像の方法の歴史を紐解いてきた学部かもしれない。小説を書く、演劇をする、物語をつくる能力や方法は、もしかしたら工業でもあり、つまり超軽工業なのかもしれない。大規模言語モデルによる生成AIが実装を担当できるのならば、文学的な記述はもしかしたら新しい世界の創造方法となるかもしれない。社会学や経済学は、物質を前提としないより広い自由の中で、人間と人間たちの社会をどう見るのか。生身の生物的身体を持たずにつながる人々の社会とはどのようにあるのか、あるべきなのか。すでにそうなろうとする流れのある価値循環のデジタルの中心化は、私たちの豊かさや幸福の捉え方をどう変えるのか。

より身近な生活面では、スマホがいつのまにか生活の中心にあるように、私たちの生活は比較的短い時間でもその様式が変化する。HMDのようなものやスマートグラスを街中で着用し続けることが少しずつ増えるだろう。まずはイヤフォンが音楽を聞くデバイスから生成AIとの対話デバイスとして再認識され広がっていくと考えられるが、スマートグラスも生成ＡＩをキラーアプリとして普及するはずだ。ＡＩは見ること、聞くこと、感じること、考えること、そのすべてをサポートする。その恩恵を永続的に受けるために着用型のデバイスが広がることは間違いないだろう。こうした方法を通じて、物質では実現が難しかった精神的豊かさ、心の豊かさの質を高めていくことになる。ＤＸは究極的には「よりよき私の社会的生存」をサポートする。

そしてＰＸは、「よりよき私の生物的生存」をサポートする。つまり、物質世界は精神的側面以外の方向へと高度化が進む。たとえば技術的にはロボットがより広がり活用される。すでにロボットは家庭用掃除機やレストランでの配膳などを行っているが、このような、極めて実用的なシーンで活用が進む。ロボットが生活に入ることで、コンピュータ、インターネット、ＡＩの力を物理世界に広げられるためである。たとえば「Kachaka（カチャカ）」という棚を動かすロボットが販売されている。小さなロボットで、専用の棚の下に入り込み、目的の棚を自分の部屋やある場所に移動してくれる。今の生活から考えれば「自分で取りに行けばいいじゃないか」と思うかもしれない。しかし、こうしたロボットは、ロボットとして捉えるのではなく、デジタル世界と同じように「物理世界の自由な編集」を目指すものと考えるべきである。たとえば、毎日朝昼晩で家具や所有物のレイアウトを変えられたらどうだろうか。狭い部屋でも食事のときだけダイニングテーブルが部屋の中央に移動したり、食事が終われば部屋の端に移動し、子どもやペットと遊ぶスペースや、ヨガやストレッチをしやすい空間ができる。ウォークインクローゼットはもしかしたらロボットのためにあるのかもしれない。ロボットが普及することで、物理空間がより高効率な利用の仕方に変わる。ＬＤ

Kのような概念も変わるかもしれない。物理空間も自動的・自律的な移動が伴うことで、情報のように「軽く」なる。

また、空間の見た目はよりシンプルな方向に進み、耐久性もしくはリサイクル性、健康などを意識した素材の利用が進む。すぐにそうした世界とはならないだろうが、私たちの欲望処理の中心がデジタルとなること、資源利用の倫理的観点から、こうした生活様式の変容が起こる可能性は大いにある。

これらは少し未来の話かもしれない。では今、私たちは何をすればいいのだろうか。どういう態度で生活を送ればいいのだろうか。まず大事なことは、スマホやメタバースなど、ある種の世界をそこに感じることができる技術を持つ現在において、地球はその設計のために大切でかけがえのない、たった一つのサンプルであることを認識することである。だから、この世界で暮らすことを大切にしよう。そして、もっとそれをよく見るべきだし、感じるべきである。見ること、聞くこと、感じること、それは大事なサンプリングである。それが新しいものをつくるときのヒントに必ずなってくる。デジタル世界、想像世界を豊かにするには、私たちの感じることをよりいっそう研ぎ澄まし、そこから学ぶことが重要である。旅行や観光は消費ではなくサンプリングともいえるのである。地球を守るのはそこで生きているからではあるが、それに加えて、私たちが新しく世界をつくるためのサンプルになるからである。このことを意識すれば、世界の見方は新しくなる。科学や芸術をサンプリング活動と捉えれば、それら学問についての意識や人々の「なぜ学ぶのか」への意識が変わるはずだ。

そして、おそらく手元にあるであろうインターネットにつながったスマホ、あるいはパソコンはもっと活用するべきだし、もっと大切で、もっと好きになるべき対象である。大げさにいえば、もっと「希望」を見出すべき対象である。今はそれを強く自覚できないかもしれないが、私たちが私たちらしく生きるための土台がそこにある。

生成ＡＩとも、もっと対話を試してみるべきだろう。私たちはもっと「思いついたこと」を気軽に「試す」べきである。もっと欲望し、理想し、想像し、それを試すべきである。スマホもパソコンもＡＩも、この「試す」ことを軽くこなせる装置だからである。もっとも身近な世界、私たちの自由な世界「想像」を、積極的に活かすときである。

おわりに

本書の執筆は約五年にわたった。本書の企画と執筆は二〇一九年末パンデミック前から始まった。意外かもしれないが、当初は第4章で扱ったPDUに関するイベントから、編集者の大内孝子さんとともにそれを書籍化できないかという構想から始まった。

それにしても五年もかかると社会も大きく変わるわけだが、この五年は特に異様な五年だった。まず執筆を始めて二ヶ月後には新型コロナウイルスによるパンデミックが始まった。社会は混乱していた。私の職場である大学も、パンデミックによって新学期も遅れて開始となった。私がプログラム委員長だった学会の運営、開催もオンラインに変更し、東京で開催予定だったオリンピックは延期された。国内、国外、各地域で緊急事態宣言が発令された。

二〇二〇年は転換期で、この頃からの夏は劇的に暑く、真実はわからずとも気候変動の予兆を意識せざるを得ないような状況でもあった。二〇二一年には、日本でデジタル庁が誕生し、遅れ気味と言われる日本のデジタル政策の流れが変わりはじめようとしていた。そうした中で、二〇二二年にはChatGPTを発端とするLLM、生成AIが一般に広く利用されるようになり、AIにおいても、またコンピュータの利用方法、インタラクションも新たなフェーズへと移った。その関連でAI産業や半導体産業への注目、投資が進んだ。さらにいくつかの地域で紛争が起こり、パンデミック時からの半導体不足も相まって地政学的リスクから、ものづくりの世界的サプライチェーンの見直しなどもはじまった。さらに国連が掲げたSDGsは研究の領域でも問われるようになり、自分の活動がSDGsの項目のどれに該当することなのかが取材の中で当たり前のように問われたことは個人的には印象的であった。

そうした時代のなかで、本書の立ち位置を議論する状況が続いた。一体何の本なのか。PDUが発端とはいえ、編集者の村田純一さんからは「デジタルであるとはどういうことか」「渡邊恵太が書くDX」の本という足がかりをもらってもいた。世の中を考えればDXはキーワードだった。ただそれが賞味期限のない普遍的な概念なのか、あるいはバズワードなのかの見極めが難しかった。そうしたなかで、DX、デジタルトランスフォーメーションとともに、物質の最小最適化というPX、フィジカルトランスフォーメーションをセットにすることを導き出し、デジタルだけではなくフィジカルのあり方まで同時に捉える考え方を整理することができた。

これにより、研究室での活動においてデジタルソフトウェア的なものだけでなく、3Dプリンタや3Dプリンタ自体を活用する物質研究、ファブリケーション研究をしていたが、この位置づけに困っていたことが解決した。そして、デジタルとフィジカル、そのどちらかという対立構図ではなく、反転変容構図、その二つのトランスフォーメーションとして捉え、同時に二つを扱う「人工化」という括りで捉えることができるようになった。人工化というキーワードによって、より長い歴史でのものづくりや人間世界の課題認識が得られた。それにより一つは、産業の軽工業・重工業分類の流れから超軽工業という位置づけ、もう一つは、SDGs、持続可能性の議論と結びつくこととなった。ただそれは、生存ではなく、「欲望」と紐づけ、「持続可能な欲望処理への挑戦」と置いた。これにより持続可能性を抑制的、縮小的発想として捉えるのではなく、促進的で拡大的な発想へと昇華することができた。

これは、私がなぜインタラクションデザインの研究をするのかの一つの回答だった。SDGsや世界的な方向性の中で自分の研究活動を説明可能にするちょうどよさもあった。持続可能な欲望処理であり、欲望処理の最適化を研究するのである。だから問題解決、目的達成、娯楽消費、いずれも扱う。日本における情報処理・コンピュータに関する大きな学術研究団体に「情報処理学会」があり、私はその学会に属しているが、その中で私はたしかにコンピュータを利用し、そのインタラクションを研究するが、より忠実に捉えるならば、私は情報処理に興味があるのではなく、欲望処理、欲望処理技術に興味があると言える。そもそも「情報処理」という言葉自体が不思議な言葉である。この学会の中にはさまざまな領域があるが、とりわけHCI（ヒューマンコンピュータインタラクション）やEC（エンタテイメントコンピューティング）といった分野は人とコンピュータのインタラクションが中心の議論であり、人間側に対する視点意識は強く、そういう点では情報処理より欲望処理についてのアイデア、技術、方法を検証する場所ではないかと思うのである。ラベルの問題だけかもしれないが、そのラベルが情報処理か欲望処理かでは研究の範囲、研究のビジョンや見通しが変わってくる。

そして、本書籍のタイトルである。これも大いに悩んだ。最後まで決まらなかった。質量ゼロのものづくりを示すための「超軽工業」というキーワードにある「工業」自体が持つイメージは逆に重さがあった。とはいえ、軽工業・重工業と続くものづくりの歴史の流れ、その先端にデジタルコンピュータを位置づける言葉としてぴったりハマる。今、この時代に「工業」という言葉を使うことに、逆に意味があると信じた。フィジカルトランスフォーメーションも候補にあったが、カタカナには逃げたくなかった。サブタイトルは、先ほど述べてきたように、私がやっていることはどういうことなのかという点で「持続可能な欲望処理である」こと、そして「超軽工業」という位置づけへ理解が進んだことから、研究活動がインタラクションデザインの枠を超えつつあることを示した。

最後に、私がこうした新しい言葉を与えようとすること、本を書くモチベーションについてである。私自身がほとんど総合、学際、先端と言われる分野で教育を受け、そして今なお、そこで研究教育を行っている。日本における学際分野の要求や流れは一九八〇年前後から今につながるところではあるが、「いつまで学際や融合と言い続けるのか」という問いがある。いつか、その結果として、学問でも産業でも何か新しい流れ、輪郭をつくるべきである。学際とは、常にそれを考え問うべき領域であると思っている。

謝辞

まず、『融けるデザイン』の出版以来お世話になっている大内さん、そしてBNNの村田さんには、この本の執筆に五年もの歳月を要してしまったことをお詫び申し上げます。そして、長期間にわたる議論とご支援に心より感謝いたします。コロナ禍という閉塞感のある時期において、本書のための定期的なミーティングは、私にとって生存確認のような意義深いものであり、大切な社会との繋がりの場でもありました。ありがとうございました。

また、本書の装丁やレイアウトデザインにおいては、岡本健さんとその事務所の皆さまに多大なご協力をいただきました。本書のテーマに沿いながら、物質としての形を具現化する挑戦をしていただき、心より感謝申し上げます。デザインの力によって、本書の意図やメッセージがより深く読者に伝わる仕上がりとなったことを、大変嬉しく思います。

そして、研究室の学生の皆さんへ。日々、皆さんとともに取り組んできた研究の実践や議論が、本書の礎となりました。この場を借りて、深く感謝申し上げます。

最後に、家族への感謝を述べたいと思います。特に妻には、長い執筆期間中に二人の子を授かるという大きな変化の中で、本書の執筆時間を捻出するために多くの協力と負担を引き受けてくれたことに、心から感謝しています。この場を借りて、深い感謝の意を表します。

二〇二四年一二月九日　渡邊恵太

渡邊恵太（わたなべ けいた）

明治大学 総合数理学部 先端メディアサイエンス学科教授。博士（政策・メディア）（慶應義塾大学）。知覚や身体性を活かしたインターフェイスデザインやネットを前提としたインタラクション手法の研究や開発に関心がある。著書に『融けるデザイン ハード×ソフト×ネット時代の新たな設計論』（BNN、2015）などがある。
https://keitawatanabe.jp/

超軽工業へ

インタラクションデザインを超えて

2025 年 1 月 15 日　初版第 1 刷発行

著者：渡邊恵太

発行人：上原哲郎
発行所：株式会社ビー・エヌ・エヌ
〒150-0022
東京都渋谷区恵比寿南一丁目 20 番 6 号
E-mail：info@bnn.co.jp
Fax：03-5725-1511
www.bnn.co.jp

印刷・製本：シナノ印刷株式会社

ブックデザイン：岡本健、飯塚大和（岡本健デザイン事務所）
編集：大内孝子、村田純一

ISBN 978-4-8025-1204-6

Printed in Japan